沿海地区
地下水资源管理研究：
以泉州市为例

胡立堂　王金生　雷晓辉　滕彦国　岳卫峰　王金枝　著

中国水利水电出版社
www.waterpub.com.cn
·北京·

内 容 提 要

本书在综合分析沿海地区地下水资源特点及管理现状的基础上，以中国南方的福建泉州沿海地区为例，较为系统地对地下水运动特征、地下水资源和地下水防污性能进行了评价和研究。对泉州市沿海地区地下水资源评价和地下水污染风险评价的成果为类似地区的地下水资源可持续利用和保护具有较好的借鉴作用和参考价值。

本书可作为研究沿海地区地下水管理问题的参考资料，也可以作为水文地质、水文学及水资源、环境科学等相关领域的专家、学者和研究生以及高年级本科生的参考。

图书在版编目（CIP）数据

沿海地区地下水资源管理研究 ：以泉州市为例 / 胡立堂等著. -- 北京 ：中国水利水电出版社，2016.12
ISBN 978-7-5170-5068-1

Ⅰ．①沿… Ⅱ．①胡… Ⅲ．①沿海－地区－地下水资源－水资源管理－研究－中国 Ⅳ．①TV211.1

中国版本图书馆CIP数据核字(2016)第321997号

书　　名	**沿海地区地下水资源管理研究：以泉州市为例** YANHAI DIQU DIXIASHUI ZIYUAN GUANLI YANJIU： YI QUANZHOUSHI WEILI
作　　者	胡立堂　王金生　雷晓辉　滕彦国　岳卫峰　王金枝　著
出版发行	中国水利水电出版社 （北京市海淀区玉渊潭南路1号D座　100038） 网址：www.waterpub.com.cn E-mail：sales@waterpub.com.cn 电话：(010) 68367658（营销中心）
经　　售	北京科水图书销售中心（零售） 电话：(010) 88383994、63202643、68545874 全国各地新华书店和相关出版物销售网点
排　　版	中国水利水电出版社微机排版中心
印　　刷	三河市鑫金马印装有限公司
规　　格	170mm×240mm　16开本　11.75印张　224千字
版　　次	2016年12月第1版　2016年12月第1次印刷
印　　数	0001—1000册
定　　价	**58.00元**

本书编委会

主　任：胡立堂

委　员：胡立堂　　王金生　　雷晓辉

　　　　滕彦国　　岳卫峰　　王金枝

　　　　张礼中　　郑洁琼　　郇　环

　　　　仪彪奇　　高　童　　尹文杰

前　言

　　近十余年来，随着沿海地区经济的快速发展，水资源需求迅速增大，伴随着工业、农业和生活等废水废液的非正规排放，沿海地区出现海水入侵、地面沉降、地下水污染和湿地生态退化等环境地质问题。近年来，国家提出的"一带一路"政策，为沿海地区经济发展带来了新机遇，协调资源、经济和环境问题成为沿海地区突出的问题之一。

　　在沿海地区，地下水是重要的供水水源。福建地处东南沿海，是沟通中外航运和海上交流的要塞，被公认为古代海上丝绸之路重要的东方起点。泉州沿海地区是福建省典型经济开放区，随着经济结构的变化及经济总量的不断扩大，对水资源的需求也逐年增长，其降水量丰富但时空分布不均。地表水源是泉州市单一的供水水源。作为重要水源的地表水，其水质的好坏直接关系着泉州市经济发展和居民生活健康。近些年，由于工业废水、城镇居民生活污水的不合理排放，造成地表水质量变差。虽然泉州供水水源92.6%来自地表水，地下水开发利用程度不高，但在很多地方仍存在较为普遍的分散式地下水开采。研究地表水供水为主，地下水资源作为补充和应急的供水方式，将增加城市供水的安全性。值得注意的是，裂隙水是研究区主要的地下水类型。调查中多次在农村和乡镇发现大口径露天井，令人印象深刻的是晋江市深沪镇的科任村，由于近海无地表水源，开采井直径达到10m，通过管网向村供水。裂隙水赋存与裂隙发育和分布有着重要的联系。因此基于前人的研究，本书较为系统地总结了研究区主要断层和构造分布特征，为研究裂隙导水特征提供了基础；对研究区地下水位进行了统测，完成了研究区的地下水质量调查和评价；

总结了微水试验结果，为认识裂隙区的渗透性提供了参考；对泉州平原地下水流进行了数值模拟分析，进一步讨论了地下水的补给、径流和排泄特征；考虑到农村大量非正规垃圾堆放问题，评价了研究区地下水脆弱性，基于污染负荷法计算了地下水污染风险，提出了地下水污染防治的措施；总结了调查年的地下水开发利用量，在完成地下水资源量计算的基础上，还评价了各城镇区的地下水开发利用潜力；针对地下水应急供水的目的，对典型的清源山裂隙区建设应急地下水水源地进行了数值模拟的分析和讨论，并分析了潜在污染源对应急地下水源质量的影响。由于泉州地区地表水资源丰富，地下水资源的研究和管理远没有北方地区地下水研究的系统和深入。本书是对泉州沿海地区开展的较为系统的地下水相关研究工作的总结，以期增加对泉州市沿海地区地下水运动特征的认识，并为沿海地区地下水管理提供参考和借鉴。

本书第 1 章由胡立堂、王金生、滕彦国、张礼中、雷晓辉、王金枝、尹文杰编写。第 2 章由胡立堂编写。第 3 章主要由胡立堂编写。第 4 章由胡立堂、郇环、郑洁琼编写。第 5 章由胡立堂、仪彪奇编写。第 6 章由胡立堂、高童编写。第 7 章由岳卫峰、胡立堂编写。第 8 章由仪彪奇、胡立堂编写。第 9 章主要由胡立堂编写。全书由胡立堂统稿。

本书涉及的主要工作基本在 2009 年年底完成。感谢泉州市水利局王金枝、傅春添、蔡庆云和卢友行为代表的水利局在研究过程中对工作的大力支持，也感谢泉州市水利水电勘测设计院院长殷培洁、泉州市水利水电工程勘察院何耀堂高工、林志伟司机在工作过程中给予的热忱支持和帮助，也感谢福建闽东南地质大队提供地下水相关的基础资料。中国科学院林学钰院士、北京师范大学的许新宜教授和吉林大学的廖资生教授对本书涉及的工作提出了宝贵意见。中国地质科学院水文地质环境地质研究所张礼中研究员参与了地下水的系统调查，为工作开展提出了有益建议。北京师范大学已毕业的研究生楚敬龙、郑洁琼、仪彪奇、郇环、肖杰和高童实际参与了相关的研究工作。尹文杰博士生负责了沿海地区地下水研究国内外相关进展的检索分析。在此对他们的帮助表示衷心感谢。本书的出版得到"水体污染控制与治理"国家科技重大专项项目"水质水量联合调控与应急处置关键技术研究与运行示范"（2012ZX07205）和"南水北调中线干线工程应急运行集散控制技术研究与示范"（2015BAB07B03）项目的资助。

限于时间和作者水平，本书难免存在疏漏和不足之处，敬请读者批评指正。

作者
2016 年 12 月

目　录

第1章 绪 论

据《中国大百科全书》可知，海岸线是陆地和海洋的分界线，全球共有约44万km的海岸线，中国大陆约有1.8万km的海岸线。沿海地区可定义为有海岸线的地区，它为人类提供丰富的自然资源，对人类的生存和发展有重大的意义。近年来，由于人类不合理的开发和利用海岸带资源以及全球变化引起的海平面上升等原因，造成全球大部分沿海地区产生了环境地质和生态问题，包括海水入侵、盐渍化、海岸侵蚀、地面沉降、地下水污染、湿地破坏等，这些问题的出现，严重制约了沿海地区的发展。沿海地区的地下水是重要的供水资源，对其有效管理一直是诸多水文地质学家和水资源管理部门工作的重点和难点。本书以福建省泉州沿海地区为例，对地下水资源进行评价和管理探讨。

泉州地处闽南厦漳泉沿海经济开放区，是一座历史文化古城、重要的开放港口城市和著名侨乡，也是福建省改革开放综合试验区和率先建立社会主义市场经济体制的试验区。其地理范围为东经 117°34′～119°05′，北纬 24°22′～25°56′，包括鲤城、丰泽、洛江、泉港 4 个区，晋江、石狮、南安 3 个县级市，惠安、安溪、永春、德化 4 个县和泉州经济技术开发区，面积共10866km²。其中，海域面积 7864km²，海岸线总长 421km，大小港湾 14 个，岛屿 208 个。20 世纪 80 年代以来，泉州市借助海岸线长及侨胞比例大的优势，经济发展迅速。据 2006 年统计，生产总值（GDP）达 1900.76 亿元，人口总量约 769 万人。随着经济结构的变化及经济总量的不断扩大，对水资源的需求也逐年增长。

泉州属亚热带海洋性气候，受季风、台风和地形等因素的影响，降水量丰富但时空分布不均。泉州市多年平均水资源总量为 100 亿 m³，按流域可分晋江流域约 55 亿 m³、闽江流域约 24 亿 m³、九龙江流域约 12 亿 m³，自流入海流域约 9 亿 m³，实际可用水资源总量约 50 亿 m³。泉州市人均占有水资源量为 1330m³。70％的水资源量分布在人口较少、经济水平较低的山区，而人口密集、经济发达的沿海地区仅占 30％，沿海和岛屿处更是严重缺水，80％以上的污染负荷集中在东南平原。水资源作为基础性的自然和战略性的经济资源。作为重要水源的地表水水质的好坏直接关系着泉州的经济发展和居民生活健康。近些年由于工业废水、城镇居民生活污水的不合理排放，造成地表水质质量变差。据 2006 年统计，泉州市主要河流和重要水源渠道评价河渠总长

431km，水质优于Ⅱ类标准的占 35.5%，Ⅲ类标准的河长占 31.5%，水质劣于Ⅲ类标准河长占 33.0%。因受自然和人为因素的影响，对沿海地带地下水资源的不合理开发利用，海水入侵严重，侵染面积不断扩大影响沿海地区经济发展。

2006 年泉州供水水源 92.6% 来自地表水，地下水开发利用程度不高。饮用水是人类生存的基本需求。长期以来，地表水是泉州单一供水水源，而备用饮用水源是保障城市供水安全的重要因素。近年来，中央和地方加大了城乡饮用水安全保障工作的力度，采取了一系列工程和管理措施，解决了一些城乡居民的饮水安全问题。自松花江污染事件后，国家对饮用水安全问题更加重视，国务院在 2005 年提出了《国务院办公厅关于加强饮用水安全保障工作的通知》（国办发〔2005〕45 号），其中提到一点"建立储备体系和应急机制"。"十一五"期间，建设部会同科技部等其他部门共同实施"水体污染控制与治理"国家科技重大专项，它是《国家中长期科学和技术发展规划纲要（2006—2020 年）》确定的 16 个重大科学技术研究专项之一。"应急水源和储备"的含义是要规划建设城市备用水源，建立特枯年或连续干旱年的供水安全储备，以应对当原水、供水水质发生重大变化或供水水量严重不足的情况。据环保总局调查数据，全国 113 个重点环保城市的 222 个饮用水地表水源的平均水质达标率仅为 72%，不少地区的水源地呈缩减趋势，有的城市没有备用水源，有 3 亿多农村人口的饮用水存在安全问题。随着国家对饮用水安全工作的重视，北京、山东、江苏等地逐渐开展了一系列工作。

鉴于泉州地区地下水环境的严峻形势，为了改变泉州市饮用水单一供水的状况，应对突发性的水源污染事件，调查与论证建立地下水资源的供水可行性具有十分重要的意义。在 2007 年研究团队 4 次赴泉州进行调研和考察，提出了对地下水资源评价和开发潜力分析的思想。泉州市裂隙较为发达，常呈密集带状展布，为形成较大规模的构造破碎储水带提供了可能。而且，泉州市又是一个临海的城市，地下水向海排泄，如果不加以拦截利用，这些地下水会白白流入大海。充分利用地下水资源和对其进行规划与保护，可缓解单纯依靠地表水供水的时间不均匀问题，提高居民生产生活用水的保障程度。对区内地下水资源合理规划、利用与保护，也将为泉州市的发展带来重大的意义。因此，由泉州市水利局组织，在泉州市水利水电勘察设计院和泉州市工程勘察院的配合下，研究团队对泉州市沿海地区地下水资源进行了评价和提出了开发利用建议，即通过对泉州湾沿线各城市（惠安县-泉州市区-南安市-晋江市-石狮市，研究区域面积约 2753km²，平原区约占 1/20）地下水资源量及开发利用现状调查与评价的基础上，结合研究区近海特点，预测研究区地下水量的动态变化及地下水资源开采潜力，为地下水资源可持续利用和保护奠定基础。

1.1 研 究 进 展

1.1.1 海水入侵

沿海地区含水层是海洋与水文生态系统联系的纽带。海岸带不但蕴藏着丰富的自然资源（其中绝大多数具有成本低、污染少及可更新的特点），而且生态系统中包含着较高的生物多样性，对人类社会的持续发展具有重大的意义。然而，随着人口的急剧增加，对海岸带的生态系统和有限的资源产生了巨大的压力，由于没有合理的管理体制，各种资源也因过度利用而严重退化。特别令人关注的是由于不合理开采地下水引起的海水入侵问题，成为沿海地区最为普遍的环境地质问题。在经济发展的约束条件下，协调地下水开采与海水入侵的关系一直是研究的热点问题。沿海地区由于持续过量开采地下水，造成地下水位大幅度下降，海水与淡水之间的动态平衡被破坏，导致海水入侵，该过程的实质是渗流与弥散之间平衡的破坏和重建。在全球很多沿海地区出现由于地下水过量开采造成的海水入侵问题。例如，美国北大西洋沿岸的佛罗里达和太平洋沿岸的加利福尼亚海岸带均受到不同程度的海水入侵的影响。在阿曼北部的巴提奈区沿海平原，当地农业灌溉水源为地下水，持续从海岸带含水层中抽取大量的地下水，并且没有及时进行补给导致海水入侵，使得靠近海岸带的农场由于水质盐度增高而不得不关闭。我国渤海、黄海沿岸不少地带，不同程度地出现了海水入侵的现象，其中以山东省最为突出，河北、辽宁、江苏等省和天津、上海等市也均有发生，严重制约着沿海开放地区的经济发展。

一方面，海水入侵动态监测是认识和评价海水入侵现状的重要基础，包括化学指标（如单指标、多指标等）、物探监测指标以及同位素指标等，通过多种方法相互验证海水入侵范围和变化特征。对于海水入侵的评判方法，国际和国内常以 Cl^- 浓度达到某一临界值作为判别标准，然而各国采用的 Cl^- 浓度标准值有所差异，基本在 $200\sim350mg/L$。目前国内常采用的 Cl^- 含量标准分别为 $200mg/L$、$250mg/L$、$300mg/L$。另一方面，从水力学上研究海水入侵防治对策是研究热点，即通过海水和淡水之间的关系和运动特征进行研究，其中包括解析法和数值模拟两种方法。解析法包括全积分的海水-淡水稳定流模型以及利用 Dupuit 和 Ghyben-Herzberg 假定的非稳定流模型，其中均假定海水与淡水界面为突变界面。数值模拟方法主要包括有限元和有限差分等方法。数值模拟技术不仅要求大型方程组求解算法可靠稳定，还需要在模拟时考虑变密度流、水岩反应（离子交换、吸附与解析作用等）、滨海区海边界等问题，利用多种海水入侵动态监测结果来验证模型的可靠性。

3

1.1.2 地面沉降

地面沉降又称为地面下沉或塌陷，是指在一定的地表面积内所发生的地面水平降低的现象。可压缩土层的存在是导致地面沉降的内因，而大量开采甚至超采地下水是地面沉降产生的外因。过量抽取地下流体，导致松散堆积层产生压缩，从而形成地面沉降。据长期监测和研究表明，沿海地区地面沉降主要由于不合理开采地下水所致，而地壳活动、地表动静荷载、工程建设、自然作用等其他因素造成的地面沉降只占总沉降量的 5%～20%。地面沉降也普遍存在于全球沿海地区，特别是发达地区。在美国，有 45 个州（土地面积超过 1700km²，几乎是新罕布什尔州和佛蒙特州面积之和）直接受到地面沉降的影响。其中，超过 80% 的地面沉降是由于过量抽取地下水造成的。在我国，至今已经有 96 个城市和地区发生了不同程度的地面沉降，而其中约 80% 分布在沿海地区。地面沉降可产生一系列严重的后果，如滨海或滨江地区易受海水的侵袭，城市公共设施、交通运输和水利设施受到损害，地面和地下建筑遭受巨大的破坏等。

研究热点包括地面沉降的机理以及地下水和地面沉降变形的耦合模型。地下水和地面沉降变形耦合模型可分为确定性机理模型和随机统计模型两类。随机统计模型主要是分析影响地面沉降的主要因素与沉降变形之间的周期性、趋势性和随机性的特征，进而预测沉降变化，主要包括回归模型、时间序列模型和灰色模型等。确定性机理模型则较为复杂，包括地下水的渗流模型（二维、准三维和三维流）和土体变形模型（线弹性模型、非线性线弹性模型和流变模型）以及两者模型的耦合。从耦合方式上说，确定性机理模型可分为分步计算、部分耦合和完全耦合模型。分步计算模型即由地下水模型计算出水位，再将其作为边界条件带入到土体变形模型中进行变形量的计算，如天津市塘沽地区耦合 IDP（Interbed Draiage Package）的地面沉降模型；部分耦合模型是在地下水流和土体变形模型的基础上考虑当相邻含水层水位下降时，弱透水层中地下水的渗流和变形情况，主要是渗透系数与孔隙率会发生变化。薛禹群等（2008）认为，在沉降过程中，含水介质表现出不同的应力和应变关系，除了随水头变化产生瞬时的弹性或塑性变形外，土体还存在滞后的变形，即蠕变，应该用不同的（弹性、弹塑性、黏弹性、黏弹塑性）应力-应变关系描述土层的弹性、塑性变形和蠕变，并根据室内试验结果，建议采用修正的 Merchant 模型来表示黏弹塑性应力-应变关系。完全耦合模型是基于 Biot 固结理论，考虑土体的变形和地下水流运动，如 1978 年 R. W. Lewis 等在假设土体的应力-应变关系满足广义虎克定律的基础上提出了完全耦合模型，并将其运用于威尼斯的地面沉降计算中，结果表明水头下降和地面沉降比两步计算较易趋于稳定。

1.1.3 地下水污染

在大多数情况下，由于海岸带地区城市化、工业化加快，产生大量的污染物没有经过有效的处理直接排放，造成海岸带周围水体的污染。根据美国地质调查局的报告显示，在美国圣路易斯的奥比斯波县的南部和圣巴巴拉县的北部（加利福尼亚沿岸），研究者发现当地井中的硝酸盐、微量元素如砷和钼的浓度已超过美国国家环境保护局（EPA）的标准。在印度的古吉拉特邦海岸带，工业区周围的水体中发现高浓度的铅、镍、硝酸根和硫酸根。过量抽取地下水导致海水入侵及不合理的灌溉措施也会造成地下水水质恶化。在孟加拉国、弗罗里达海岸带东南部地区和印度的科钦海岸带均发现，井水中具有较高浓度的钠和氯化物（>200mg/L），表明该地区受到海水入侵的影响。在中国的福建省，由于化肥、农药及灌溉措施的不合理，造成地下水中的"三氮"污染严重。在巴基斯坦东南部的信德省，由于灌溉、污水处理、卫生等方面存在较大的问题，地下水中存在高浓度的有机物并且镍和铅也严重超标。

1.1.4 海底地下水排放

地下淡水排入海水的水量可能不及地表河水入海量的10%，然而海岸带地下水中溶解物质的量往往高于地表河水，是沿海地区区域物质循环和水体生态环境研究中不容忽视的组成部分。由于沿海地区的工农业高度发达和人口密度大，沿海地区地下水中的氮和磷等营养物质比地表水中的浓度高很多，成为海水体营养物质的重要来源。沿海地区海底地下水排放（Submarine Groundwater Discharge，SGD）在北美和欧洲等发达地区受到了越来越多的重视，被认为是一个重要的海岸带陆海相互作用过程，同时地下水向海排放量是影响河入海口地区湿地生态的重要因素。SGD研究旨在利用水文地球化学、地下水动力学等多种技术手段分析地下水排放量的时空动态变化过程以及污染质的变化规律，然而目前尽管已有相当多的对SGD的研究案例，但其空间分布却十分有限，基本上集中在发达地区，如美国东海岸、地中海沿岸、波罗的海沿岸及日本和澳大利亚的个别沿海地点，而在其他地区则基本上是空白。沿海地下水污染也必定会通过SGD对海水及沉积物的环境产生影响，但这方面的工作目前还鲜有报道。

1.1.5 围海造地工程及其影响

世界上绝大多数的大城市均位于沿海地区，目前海岸带城市人口数目为20亿人，预计在未来的20～30年人口数目几乎翻一番。因此，为了满足日益增长的农业、工业和居住等用地需求，许多沿海国家，包括美国、荷兰、日本等发达国家以及中国、墨西哥等发展中国家陆续开展了填海造地的有关活动。据国家海洋局统计，2010 年中国填海造地面积达 13598.74hm²，其中建设填海造地 13454.91hm²。然而，围海造地人为改变了海岸线的位置，而这些海岸线是海洋与陆地在千百万年相互作用下形成的一种理想的平衡状态，一旦这种平衡破坏将会产生严重的后果。因此围海造地在增加土地供给、缓解沿海用地紧张局面等正面效益的同时，也造成了如海湾面积锐减、生态功能退化和破坏海岸自然景观等众多负面影响。在荷兰，围海造地使大面积的滩涂和沼泽在堤后被抽干，导致附近地区的地下水位明显下降，继而造成河道泥沙淤塞和引用水缺乏等问题。日本围海造地在得到大量新土地、经济获得发展的同时，从 1945—1978 年，日本全国沿海滩涂减少约 3.9 万 hm²，后来每年仍以约 2000hm² 的速度消失，也面临着大量的海洋环境污染问题。在中国，从 1949 年起围海造地工程已造成国内损失近 69% 的红树林，到 2012 年仅存 151km²，80% 左右的珊瑚礁也遭到了破坏。此外，Mahmood 和 Twigg 发现填海与地下水抬升之间有一定的关系，他们认为填海区水位的上升会导致土地承载力的下降从而使填海区建筑物出现沉降的现象。

1.1.6 全球变化对地下水系统影响

根据国际政府间气候变化专门委员会（IPCC）对 20 世纪的回顾，在过去 100 年间，全球海平面上升了 10～20cm。如果温室气体继续按照目前速率排放，该委员会海岸管理小组 CZMS 提出海平面上升量最佳估计值为：2030 年为 18cm、2070 年为 44cm、2100 年为 66cm。Ericson 等对全球 40 个三角洲进行了当代相对海平面上升评估，估计海平面上升的范围从 0.5～12.5mm/a。国家海洋局发布的《2014 年中国海平面公报》（简称《公报》）显示，我国沿海海平面变化总体呈波动上升的趋势，1980—2014 年，海平面上升速率为 3.0mm/a，高于全球平均水平。《公报》预测未来 30 年，渤海沿海海平面将上升 65～155mm；黄海沿海海平面将上升 75～165mm；东海沿海海平面将上升 70～160mm；南海沿海海平面将上升 75～165mm。由于全球变化及人为原因海平面上升将会导致一些低洼的海岸带被淹没。据估计到 2050 年，孟加拉将有 22000km²（16%）的滨海陆地被淹没，在恒河三角洲地带将近 50 个沿海城镇受到威胁。在美国，最容易受到海平面上升威胁的地区是大西洋中部和南部的各个州（地势低洼、经济水平发达以及相对较高的风暴频率）以及沿墨西哥海岸带（地势低洼并且地面沉降较为严重）。新英格兰的部分地区也处在危险当中，尤其是英格兰南部的海岸带。西海岸带除旧金山湾和普吉特湾之外一般风险较低。此外含水层的水力梯度越低，越容易受到海平面上升的影响，这些地区在海水入侵之前已经受到海水浸没的影响。

1.2 研 究 内 容

1.2.1 前人研究工作基础

在国家和地方的支持下，在泉州市已经有计划、系统地开展了地质矿产、水文地质、工程地质调查工作，取得了较翔实的资料。研究区工作现状如图1.1所示。在调查区范围内开展的地质、水文地质工作如下：

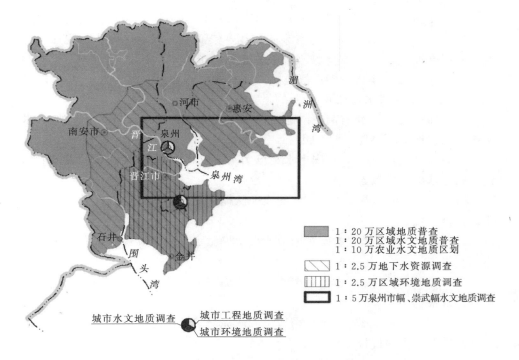

图 1.1 研究区工作现状示意图

（1）1970年，福建省水文工程地质队编著了《福建省沿海地区1：20万水文地质工程地质调查报告》以及相应的第四纪地质图、地貌图、水文地质图和工程地质图，较全面地阐述了区域水文地质工程地质条件。

（2）1971年，福建省水文工程地质队进行了惠安崇武地区1：2.5万农田供水水文地质勘察工作。

（3）1977年，福建省区域地质测量队完成了包括本区在内的1：20万区域地质矿产调查，编著了1：20万《泉州幅、厦门幅区域地质调查报告》，全面阐述了泉州市地质矿产特征。

(4) 1979 年，福建省水文工程地质队提交了 1∶20 万《福清幅、南日岛幅、泉州幅、厦门幅区域水文地质普查报告》，综合了前人工作成果，全面阐述了区域水文地质条件。

(5) 1983 年，福建省第一水文地质工程地质大队编制的 1∶10 万农业水文地质区划图及说明书。

(6) 1984 年，福建省第二水文地质工程地质队在崇武半岛一带为核电站选址，开展了 1∶5 万区域地质调查，编制了 1∶5 万地质国务部长埕边一带 1∶5000 地质图。

(7) 1986 年，福建省闽东南地质大队开展 1∶5 万区域构造稳定性及主要矿种调查工作，编著了 1∶5 万《泉州市幅、崇武幅区域地质构造稳定性及主要矿种调查报告》，对断裂系统及地壳稳定性做了研究和阐述。

(8) 1987 年，福建省闽东南地质大队提交了《泉州市清源山矿泉水勘察报告》，阐述了矿泉水特征和形成条件。

(9) 1990 年，福建省闽东南地质大队开展 1∶2.5 万《石狮、晋江地区水文地质工程地质环境地质调查报告》（面积 $220 km^2$）。

(10) 1996 年 10 月，南安市水利电力局提交了《福建省南安市实施取水许可制度基础工作报告》。

(11) 1997 年，福建省闽东南地质大队提交了《福建省惠安县区域水文地质调查报告》。

(12) 1999 年，福建省闽东南地质大队提交了《福建省晋江市区域水文地质调查报告》。

(13) 2003 年，福建省闽东南地质大队提交了《福建省惠安县地下水资源调查评价报告》。

(14) 2006 年，福建省闽东南地质大队提交了《福建省南安市东南部地区地下水资源调查评价报告》。

上述成果为本次野外调查、地下水资源评价提供依据和重要参考资料。

1.2.2 主要内容

本书以泉州市沿海地区为例，对平原区和基岩山区的地下水资源进行评价、规划和开发进行探索研究。平原区的水文地质调查程度相对较高，地下水开发利用程度较高，因此在已有研究程度的基础上，根据地下水多年开采动态资料，对区域及县（市）城区的地下水补给资源量和可开采资源量作出准确的评价，查明地下水的开采现状、剩余资源量以及地下水开采引起的负效应（特别是海咸水入侵情况），以便为区域水资源的规划制定、水资源的优化配置与可持续利用提供科学依据。而在基岩山丘区,地下水埋藏条件复杂,资源有限。其开发利用程度和研究程度相对于平原孔隙地下水区都低。故本书通过调查研究,对区内基岩地下水的利用前景和可供开发地段作出评价。对泉州市来说,地表水资源大但时间不均匀,合理的地下水的开发利用是水资源综合利用的有力保障。

全书共9章。第1章绪论,主要包括研究目的与意义、国内外相关研究进展、前人工作基础等内容。第2章研究区概况,包括研究区地理位置、气象水文、经济文化、地质和构造、地形地貌特点。第3章水文地质特征,包括地下水的赋存条件与分布、地下水类型及含水岩组划分、地下水的补给径流和排泄条件、泉州市地下水开发历史以及地下水开发利用现状调查。第4章地下水资源评价,主要包括地下水资源评价范围和方法、地下水资源数量评价、地下水环境质量综合评价、地下水开发利用现状评价。第5章典型平原区地下水数值模拟,包括水文地质试验、水文地质概念模型、典型平原区地下水数值模拟、典型平原区地下水污染对晋江影响的模拟分析。第6章地下水污染风险评价,包括地下水脆弱性评价、污染荷载风险评价、地下水污染风险指数评价。第7章地下水开发利用潜力评价,包括远景地下水需水预测、地下水开发利用潜力计算、地下水利用与保护建议。第8章典型区应急地下水水源地建设分析,主要包括断裂带地下水开发可行性分析和应急地下水水源地建设数值模拟分析。第9章为结论与建议,主要包括结论(地下水开发利用数量、地下水资源量、地下水污染风险评价和地下水应急水源地建设方面的结论)和建议。

第2章 研究区概况

2.1 自然地理条件

2.1.1 地理位置

　　泉州市地处福建省东南部，南侧部分区域与漳州和厦门交界，部分区域临海，北临三明市，东与福州市、莆田市接壤，西与龙岩市相邻。研究区域包括泉州市区和涉及的惠安县、南安市、晋江市和石狮市所辖区域，区域面积约2753km²，泉州市及研究区行政边界如图2.1所示。

图 2.1　泉州市及研究区行政边界图

2.1.2 气象水文

泉州市属亚热带海洋性季风气候，多年平均气温 19.5～21℃。年降雨量 1011～1682mm，自东向西和西北部降雨量逐渐加大，60%～80%集中在 4—9 月。年蒸发量为 1767～2103mm，自东向西和西北部逐渐减小。年日照为 1893～2131h，终年温暖湿润，四季如春。泉州冬季以东北风居多，夏秋季有台风袭击。

泉州市溪流众多，发源于泉州市境内的流域面积 100km² 以上的河流有 35 条，流域面积 7933km²。其中，晋江水系 16 条；九龙江水系 5 条；闽江水系 9 条；单独入海 5 条。泉州市多年地表水径流总量约 100 亿 m³，其中大樟溪属闽江水系，多年平均径流量约 25 亿 m³；九龙江由漳州入海，多年平均径流量约 13 亿 m³；靠近海岸自流入海的河流数十条，多年平均径流量约 11 亿 m³；剩下的是晋江水系，多年平均径流量约 51 亿 m³。大樟溪和九龙江流域处于泉州东北、西北的山区地带。泉州市地表水年径流量 60%～80%集中在 4—9 月，时间短，且极易产生洪水。

在研究区内流量最大的为晋江，发源于泉州市安溪县桃舟乡达新村梯仔岭东南坡，流经安溪、永春、南安、晋江、泉州市区等县市区，流域面积 5629km²，河长 182km，河道平均坡降 1.9‰，双溪口以上分东、西溪，双溪口以下为晋江干流。由山美水库拦水的东溪，全长 120km，集雨面积 1917km²，平均径流量 14.0 亿 m³；西溪长 145km，集水面积 3101km²，多年径流量 36.5 亿 m³。晋江干流长 30km，区间集水面积 611km²，经泉州至前埔汇入泉州湾。目前，晋江的东溪开发利用率较高，其上修建有如山美水库等多个调蓄水库；西溪由于没有开发，径流基本是直接入海，开发利用率低。

在滨海岸地带及河口区，每天有两次涨潮及两次落潮，周期约 24h40min。据崇武、晋江红玉桥两处潮汐站多年资料，多年平均高潮位 5.22～6.65m，平均低潮位为 3.05～2.42m。

2.1.3 经济文化概况

泉州市海域面积 7864km²，海岸线总长 421km，大小港湾 14 个，岛屿 208 个。深水良港多，可建万吨以上深水泊位 123 个，湄洲湾南岸的肖厝港和斗尾港是世界上为数不多、中国少有的天然良港。泉州市主要矿产资源有高岭土、花岗岩、辉绿岩、石英砂、石灰石、煤、铁、锰、地热、矿泉水等 20 多种。水产资源丰富，可作业的海洋渔场面积大于 5000km²，可供开发利用面积 118km²，主要水产生物 500 多种，主要经济鱼类近百种，盛产牡蛎、蛏、蛤、螺、海带、紫菜等贝、藻类 200 多种。

　　泉州历史悠久，经济开发早在周秦时期就已开始。三国吴永安三年（260年），在今南安市丰州镇置东安县治，南朝梁天监间（502—519 年）置南安郡作郡治，为设置县、郡治之始。西晋末年，中原战乱，中原士族大批入泉，多沿江而居，晋江由此得名。他们带来先进的生产技术和文化知识，使晋江两岸得到迅速开发。随着经济的发展和政治制度的变革，行政区划建制几度变迁。唐久视元年（700 年）置武荣州，州治设今市区。唐景云二年（711 年）武荣州改名泉州。此后，先后设有郡、州、路、府。中华人民共和国成立后设行政督察区、专区、地区，1986 年 1 月撤晋江地区设泉州地级市。

　　泉州是国务院首批公布的 24 个历史文化名城之一，文化积淀深厚，素有"海滨邹鲁""世界宗教博物馆""光明之城"的美誉。泉州也是中国历史上对外通商的重要港口，有着上千年的海外交通史，是一座历史悠久、风光秀丽的开放港口城市。泉州又是全国著名侨乡和台湾汉族同胞主要祖籍地。

　　泉州市是福建乃至全国发展最快、最具活力的地区之一。全市 GDP 在1978 年为 7.79 亿元，到 1992 年突破 100 亿元，2000 年跨过 1000 亿元，2002年达到 1223 亿元。2003 年全市 GDP 为 1380.11 亿元，2005 年全市 GDP 为1626.30 亿元，人均国内生产总值由 1978 年的 187 元增至 2.37 万元；财政总收入由 0.79 亿元增至 152.78 亿元；农民人均纯收入由 75 元增至 6100 元，年均增长 6.6%；城镇居民人均可支配收入由 324 元增至 14185 元，年均增长12.6%。泉港"石化基地"、丰泽"中国树脂工艺之乡"、晋江"中国鞋都"、石狮"中国服装名城"、南安"中国建材之乡"、惠安"中国石雕之乡"、德化"工艺陶瓷之乡"、永春"芦柑之乡"、安溪"乌龙茶之乡"等特色经济的形成并驰名海内外，全市所有县（市）均跻身全省经济实力十强或经济发展十佳县（市）行列。2003 年，晋江、石狮、惠安和南安四县（市）再次入选全国百强县（市）。另外，泉州多种外来宗教文化，与原来的泉州儒、道、释文化互相渗透，相互吸收。

2.2　地　层　岩　性

2.2.1　地层

　　研究区地层发育不全，仅有三叠系、侏罗系、上第三系及第四系，分布面积占陆地总面积的 2/3 左右，其中上侏罗统火山岩系出露最广，遍及全区，出露少量侏罗系上三叠统的动力变质岩；第四系次之，并集中分布在滨海平原、台地及大河两侧的河谷地带；其他地层仅零星分布。据闽东南地质大队 1∶20

万区域地质调查报告（泉州、厦门幅）和区域水文地质调查报告（泉州、厦门幅），研究区主要地层见表2.1。

表2.1　　　　　　　　　研究区主要地层

年代地层				代号	厚度/m	成因类型	岩 性
系	统	组	段				
第四系	全新统	长乐组		$Q_4 c^{al-pl}$	3.0～7.0	冲洪积	黏土、细砂、粗砂、砾石、卵石，局部含泥炭
				$Q_4 c^m$	2.0～33.7	海积	黏土、淤泥、粉砂、细砂、淤泥质砂，夹泥炭，含海生贝壳
	更新统	龙海组		$Q_3 l$	5.0～13.0	冲洪积海陆交互	黄色黏土、泥质砾砂夹白色砂黏土、灰白色黏土、黏砂土夹砂砾卵石
		未分组		Q_P	5.0～25.0	残坡积	杂色黏土、含砂黏土、含砂砾黏土、碎石等
侏罗系	上统	南园组	第四段	$J_3 n^d$	410～1225	火山喷发	深灰、紫灰色流纹质晶屑凝灰岩、角砾晶屑凝灰岩、熔结凝灰岩、流纹质晶屑凝灰岩、流纹岩、夹粉砂岩、泥岩、斜长流纹岩、偶夹火山角砾岩
			第三段	$J_3 n^c$	337～1667	火山喷发	深灰色流纹英安质晶屑凝灰熔岩、英安质晶屑凝灰熔岩、晶屑凝灰熔岩、流纹岩、长石石英砂岩、凝灰质粉砂岩
			第二段	$J_3 n^b$	405～1390	火山喷发	浅灰色流纹质晶屑凝灰岩、凝灰岩夹流纹质晶屑凝灰岩、流纹岩、层凝灰岩及硅质岩、粉砂岩、偶夹层火山集块
		长林组		$J_3 c$	307～859	火山喷发	灰色凝灰质砂岩夹砂岩，灰黑色薄层粉砂岩，粉红色粉砂岩泥岩，灰色变质砂岩夹凝灰岩、粉红色变质砂岩
上三叠统—侏罗系				T_3-J	>1243	动力变质岩	各类变粒岩、片岩组成，长英质脉体发育

2.2.2　侵入岩

区内岩浆活动较为频繁，主要有加里东和燕山早期、燕山晚期所形成的侵入岩，分布面积约占全市陆地面积的1/3。它们的分布和展布严格受区内主要构造控制。燕山早期侵入岩多呈北东和北北东向,沿新华夏系主干断裂侵入,散布全区,构成壮观的岩带或呈"多"字形。燕山晚期侵入岩主要分布于东南沿海动力变质岩带,受惠安-晋江-港尾断裂带控制,多沿断裂带侵入而呈北东向。

1. 燕山早期侵入岩

燕山早期侵入岩大面积出露。它侵入于晚侏罗系地层,被早白垩系地层覆盖,分四次侵入,其中一次、三次和期次不明的侵入规模较大,多为岩基产出;二次、四次规模较小,多呈小岩体。主要岩石有二长花岗岩、黑云母花岗岩、花岗闪长岩及石英闪长岩、斜长花岗岩、细粒花岗岩、闪长岩、辉石闪长岩等。呈全晶质花岗结构和块状构造。

2. 燕山晚期侵入岩

燕山晚期侵入岩广泛分布。它侵入于石帽山群,被佛县群覆盖。分四次侵入,其中二次、三次规模较大,呈岩基产出;一次、四次规模小,多呈脉状。主要岩石有含黑去母花岗岩、黑云母二长花岗岩、钾长花岗岩、晶洞花岗岩、花岗闪长岩及花岗斑岩、石英长石斑岩、石英闪长岩、闪长玢岩、闪长岩、辉石闪长岩、辉长岩等。呈花岗结构、斑状结构和块状构造。

2.2.3 变质岩

变质岩处于长乐-南澳大断裂与滨海大断裂之间,由于长期遭受多次构造应力、热力及混合交代作用,使研究区的基底岩石变质强烈,是闽东南沿海动力变质岩带的组成部分,根据省区域地质调查队 1:20 万泉州幅报告,研究区的变质岩属于南埔-石刀山-港尾动力变质混合岩带和埕边-宝盖山动力变质混合花岗岩带。两个变质岩带的分界线在区内由北东往南西延伸。晋江北部的青阳镇西侧和南部的灵秀山,是南埔-石刀山-港尾动力变质混合岩带和埕边-宝盖山动力变质混合花岗岩带的混杂地带。青阳镇的供水钻孔所见基岩既有混合岩,又有混合花岗岩和混合二长花岗岩,灵秀山受一组北东向断裂控制,混合岩和混合二长花岗岩交替出现。具有较清晰的片麻理或片理构造,裂隙较发育。

1. 南埔-石刀山-港尾动力变质混合岩带

该变质岩带分布于青阳镇-罗裳山-石刀山一带,主要由中生代地层变质而成。岩性较复杂,以各类混合岩及混合质变粒岩为主,常见有绿泥石化、硅化、绿帘石化。

2. 埕边-宝盖山动力变质混合花岗岩带

该变质岩带分布于宝盖山、风炉山一带,为一套超变质混合二长花岗岩、混合花岗闪长岩、混合花岗岩等。

2.3 区 域 构 造

经历漫长的地质年代，地壳发生多次构造运动。前人根据地质力学、遥感解译方法得出了构造展布的规律。构造形迹以断裂和褶皱为主。以新华夏系东西向、北东向及北北东向构造体系为格架，间有零星地规模较小的北西向及山字形构造体系。

2.3.1 遥感影像图解译构造

基于 1∶10 万卫星影像（采用 2001 年 3 月的 ETM 卫星融合图像），经过解译，获得研究区的主要构造形迹图。依据解译结果判定，主要构造线分布在南安、泉州市和惠安县，其方向以北东向或北北东向为主，其次为东西和南北向构造。泉州市主要构造呈北东向，分布在泉州市北；在南安市东、西溪上存在多条北东向、南北向和东西向的构造。

2.3.2 东西向构造

东西向构造主要包括永春-郊尾东西向构造带和安溪-惠安东西向构造带。各带均以压性和压扭性断裂为特征，局部地段形成挤压片理化带，对部分中生代火山岩及燕山期岩浆侵入体具明显控制作用。

1. 永春-郊尾东西向构造带

该构造带位于区域北部，北纬 25°15′~25°20′，与五里街-仙游构造带共同组成东西向构造带，向西和东延伸，长达 100km，宽约 10km。其构造形迹以断裂为主，包括部分呈东西向展布的变质带，火山构造及燕山期侵入体等。自西向东主要有位于永春的伏江、夹沅、东平等压性或压扭性断裂，一般长 3~7km，少数十余千米。

2. 安溪-惠安东西向构造带

该构造带位于北纬 24°55′~25°5′，横亘安溪、南安、惠安一带，宽约18km，长 80 余千米，以压性或压扭性断裂为主。自西向东主要有安溪的古垵断裂、田底断裂，南安的南山断裂、鹰哥岭断裂和坂头等断裂，一般长 3~6km，个别十余千米。

（1）南山断裂。位于南安西北约 400m 南山之北，在宽约 400m 内，见两条平行断裂，长 5~6km，东西走向，南倾，倾角 60°~80°。断裂发育在南园组中，为一硅化破碎带或挤压破碎带，宽 2~4m，局部达 10m 以上，挤压强烈，部分片理化，有花岗斑岩脉沿断裂充填。断裂导水性弱。附近有泉水出露。

（2）鹰哥岭断裂。位于洪濑东约 4km 的鹰哥岭附近，在宽约 200m 的南园组火山岩内，见两条平行断裂，长 2～4km，西端为第四系覆盖，东部为岩体倾入，走向东西，倾向南，倾角 40°～55°，局部达 85°。挤压破碎带宽 1～5m，断裂面上岩石强烈挤压呈鳞片状、透镜状平行排列，见断层泥等，局部伴有两组扭性节理。断裂导水性弱。

（3）坂头断裂。位于泉州河市北约 3km 的坂头附近，长 3km，东西走向，倾向南或北，倾角达 70°～80°。断裂发育于南园组中，为一硅化破碎带，宽 10m，部分达 20～30m，沿走向呈舒缓波状，有不规则的石英脉贯入，并伴有北东 40°～45°及北西 310°两组扭裂面，相互交切，但位移不明显，其中，走向北东一组充填石英脉，略呈舒缓波状；走向北西一组为硅化蚀变带。

3. 其他东西向构造

在安溪魁斗至梅山一线及同安罗田至晋江两个地段尚可零星见东西向构造形迹。前者主要有安溪的魁斗、彭格、院口断裂，后者有同安的罗口、晋江的磁灶、许厝等断裂，长数为数千米至十余千米。

（1）磁灶断裂。位于磁灶南侧，长度大于 3km，西端为第四系地层覆盖。近东西走向，倾向北，倾角 65°～80°，由数条平行斜冲小断层组成，宽数为数米至十余米，裂面呈舒缓波状，见断层泥并有石英细脉贯入。沿断裂尚发育北西和北东两组相互交切的裂面，断裂导水性中等。

（2）许厝断裂。位于晋江市西南 2km 的许厝附近，长度大于 4km，两端为第四系地层覆盖，近东西走向，倾向南，倾角 70°～85°，断裂硅化破碎带宽 5～20m，裂面沿走向及倾向呈舒缓波状，伴生有北东、北西向两组扭裂面和南北向张性裂面，导水性中等。

2.3.3　北东向新华夏系构造

构造线大致平行斜列，时疏时密，断续分布于晋江流域。以断裂构造为主，褶皱不发育，据其构造形迹发育程度，可划分为 3 个构造带，自西北往东南为永春-蓬莱断裂带、郊尾-新圩-嵩屿褶断带及惠安-晋江-港尾断裂带，其余地区零星可见。

1. 永春-蓬莱断裂带

该断裂带斜贯晋江流域西北部，宽约 6km，区内长大约 50km，主要由永春的岭边、安溪的温泉、蓬莱断裂等数条北东向断裂组成，对带内地层、火山岩、第四系以及山脉、水系等均有一定的控制作用。

2. 郊尾-新圩-嵩屿褶断带

该褶断带为研究区北东向新华夏系主要构造带之一。东北部自郊尾往西南经南安、新圩至厦门嵩屿一带，斜贯研究区中部，宽约 15km，长达 120km 以上，北东端延入德化，接濑溪褶断带，向西南延入漳州，东南侧与惠安-晋江-港尾断裂带相邻。褶断带内断裂发育，动力变质作用之片理化发育，褶皱仅零星见及，岩浆侵入活动强烈和频繁，在区域构造部位上，该带属"长乐-南澳大断裂"西北侧的一支。因第四系掩盖和其他体系断裂干扰破坏，断裂延伸较为断续，主要由泉州洪岩、后曾，南安的梅山、莲塘、洪濑-罗田、黄山、锄山等几十条断裂组成，长度为数千米至十余千米，少数断续延长达 30km 以上。

（1）九溪背斜。该断裂位于郊尾-新圩-嵩屿褶断带的中部，南安九溪西北侧，遭后期断裂严重破坏，长约 2km，轴向北东 40°，核部为长林组地层，两翼为南园组第一、二段火山岩。褶皱挤压，有充填物，断裂导水性弱。

（2）洪岩断裂。该断裂位于泉州洪岩附近，长约 11km，西南端在大罗溪附近为第四系覆盖。断裂切割长林组及南园组，走向北东 40°～60°，倾向南东，倾角变化较大，一般为 45°～65°，陡者达 85°。断裂挤压破碎带宽数米至十余米，岩石破碎，节理发育，硅化、叶腊石化普遍，局部见构造透镜体，并有石英细脉贯入，如泉州市洪岩挤压破碎带，宽达十余米，裂面呈舒缓波状，挤压透镜体平行裂面排列，旁侧牵引现象明显，并有花岗斑岩脉贯入，硅化及叶腊石化强烈，具压扭性特征。

（3）后曾断裂。该断裂位于马甲东北约 6km 后曾附近的南园组火山岩及燕山早期岩体中，走向呈北东 40°～60°，倾向南东或北西，倾向 70°～85°。断裂挤压破碎带宽 5～15m，局部达 50m，裂面呈舒缓波状，挤压强烈，具片理构造。该断裂挤压破碎带约 8m，岩石破碎，硅化强烈，其中有 1～1.5m 宽挤压破碎尤为强烈，构造透镜体发育，并见断层挤压成鳞片状平等挤压裂面排列，压性特征明显。沿断裂尚见团块状及不规则状石英脉贯入，硅化强烈，部分具叶腊石化，局部地段见一组走向北西 330°，倾向南西，倾角 75°之张性裂隙与其伴生，裂面粗糙。此外，在后曾西南，该断裂被后期北北东向断裂切割，其形成时间略早于北北东向断裂。

（4）梅山断裂。该断裂位于梅山东南侧南园组片理组片理化火山岩中，西南延入燕山早期岩体内，部分为第四系覆盖，断续延长达 26km，东北端为北北东向断裂所截，总体走向为北东 45°，局部略有偏转，倾向南东，倾角 60°～70°。断裂挤压破碎带宽 5～6m，裂面呈舒缓波状，见断层角砾岩，角砾被挤压成扁豆体状，并有石英细脉贯入，硅化强烈，部分地段为花岗斑岩，基性岩等脉岩所充填。断裂导水性较弱。

（5）莲塘断裂。该断裂位于南安西北之莲塘附近，断续延长 7～28km，东北端为第四系覆盖，总体走向北东 40°，莲塘附近受东西向构造影响，向东偏转，呈 S 状延伸，倾向南东，倾角 70°～80°。断裂挤压破碎带宽数米至十余米，裂面呈舒缓波状，挤压强烈，部分片理化，有石英等细脉沿断裂贯入。具明显的压性特征。断裂导水性弱。

（6）洪濑-罗田断裂。该断裂位于南安东南侧，洪濑至同安罗田间，部分第四系覆盖，断续延长 58km，延伸方向略有变化和拐弯，总体走向北东 40°，倾向北西或南东，倾角陡缓变化大，一般为 50°～70°，部分近直立。断裂挤压破碎带宽数米至十余米，局部宽达 20m，裂面呈舒缓波状，挤压碎裂明显，有石英脉、花岗斑岩脉充填并有温泉溢出。断裂导水性中等。

（7）黄山断裂。该断裂位于南安官桥之西黄山附近，断续延长达 28km，西端为第四系覆盖，走向呈北东 40°，局部略有偏转，倾向北西或南东，倾角 65°～75°。断裂挤压破碎带宽 3～5m，裂面呈舒缓波状，岩石普遍碎裂，挤压强烈，部分片理化、硅化，有基性岩脉及石英脉等充填。断裂导水性弱。附近第四系中可见温泉溢出。

（8）锄山断裂。该断裂位于黄山断裂东南的锄山附近，在宽约 500m 内，见有两条断裂，长 10～16km，走向北东 40°～50°，局部略有偏转，倾向南东或北西，倾角 60°～80°。断裂挤压破碎带宽数米至 30m，裂面呈舒缓波状，两侧岩石受挤压，发育有片理化、小揉皱，见断层角砾岩及构造角砾岩，具压性特征。断裂导水性弱。

3. 惠安-晋江-港尾断裂带

该断裂带斜贯东南部，西北侧与郊尾-新圩-嵩屿褶断带毗邻，东南临大海，宽数千米至十余千米，分别向泉州市东北、西南延伸，由动力变质岩及燕山晚期岩体所组成。带内因受海湾分割和第四系掩盖，故其褶皱面目不清，断裂较发育，属传统"长乐-南澳大断裂"主体的组成部分。西北侧断裂分布于惠安、晋江、石井至港尾一带，宽约 8km，主要由惠安的后吴、南坑、前桥、坑柄、晋江的晋江-灵源山、灵秀山，南安的章文等断裂组成；东南侧断裂带分布于湖街、赤湖、东埔、永宁、深沪至围头一带，东临大海，宽 0～6km，主要由惠安的西丘、小岞、赤湖，晋江的古安等断裂组成。

（1）后吴断裂。该断裂位于城关西北约 4km 后吴村附近，长达 18km，走向北东 35°，倾向南东，倾角 65°～80°，挤压破碎带宽约 5m，带中岩石挤压强烈，发育以理化花岗质糜棱岩，具有重结晶现象。

（2）南坑断裂。该断裂位于城关西南约 3km 南坑村附近，长约 10km，走向北东 40°，倾向南东，倾角 80°，挤压破碎带宽约 3m，带中岩石挤压碎裂明显，伴有交代作用。

（3）前桥断裂。该断裂位于城关西南约 8km 前桥西北侧，长 5km，两端为第四系掩盖，走向北东 30°～50°，倾角近直立。挤压破碎带宽 3～10m，局部 200m，带中岩石受挤压明显，具有压性特征。

（4）坑炳断裂。该断裂位于城关南约 6km，坑炳村东南侧，长 7km，两端为第四系掩盖，走向北东 45°，倾角近直立，挤压破碎带宽 3～4m，局部宽 20m，带中岩石挤压破碎强烈，见构造角砾岩，硅化明显。

（5）晋江-灵源山断裂。该断裂位于晋江-罗裳山、灵源山一带，由 6 条断续展布的断裂组成，宽约 2km，长度大于 13km，两端为第四系地层覆盖。各断裂长 2～7km，走向北东 40°～45°，以倾向南东为主，倾角 65°～85°，沿断裂挤压破碎带宽 1～5m。断裂导水性弱至中等。

（6）赤湖-围头断裂。该断裂为晋江湖街-围头断裂带的一部分，境内断续见有东埔、方劳山、沙堤及古安（唐公山）等，两端均被第四系地层覆盖。走向北东 25°～50°，倾向北西或南东，断裂面具有压扭性特征，断裂导水性差。

（7）灵秀山断裂。该断裂位于晋江东南约 10km 灵秀山西北侧之混合岩及混合花岗岩中，长大约 3km，两端为第四系覆盖，走向北东 40°～50°，倾向北西，倾向 70°。断裂挤压带宽约 8m，岩石挤压破碎，节理发育，硅化明显，并有石英脉、花岗岩脉、中性岩脉等贯入。

（8）章文断裂。该断裂位于南安石井西北 3km 章文村附近，在宽约 1.5km 的混合岩及混合花岗岩内，见有 3 条断裂，长 2～3km，两端均为第四系覆盖，断裂走向北东 40°～50°，主要倾向南东，倾角 40°～70°，挤压破碎带宽 3～10m，岩石受强烈挤压，形成有片状糜棱岩，部分为花岗斑岩脉充填。断裂导水性弱。

（9）西丘断裂。该断裂位于惠安净峰湖街西北 2km 西丘村附近，长约 3km，两端为第四系掩盖，走向北东 50°，倾向北西，倾角 60°，沿断裂见岩石挤压破碎，形成构造透镜体和断层泥。

（10）小岞断裂。该断裂位于惠安净峰湖街东南约 3km 小岞附近，宽约 1.5km，变质岩中有 3 条平行的断裂，长 2～3km，两端为第四系掩盖或延入海域中，走向北东 50°，倾向倾角不明，见挤压现象。

（11）赤湖断裂。该断裂位于惠安崇武西北约 6km 的赤湖村东南侧，长约 2km，两端为第四系掩盖，走向北东 50°，倾向南东，倾角 70°。破碎带宽约 2m。

（12）古安断裂。该断裂位于晋江金井东北约 3km 古安附近，在宽约 1km 的混合岩及混合二长花岗岩中，斜列 3 条断裂，长 1～2km，两端为第四系覆盖，走向北东 40°～50°，倾向南东，倾向 65°～85°。断裂为挤压破碎带，裂面为舒缓波状，见擦痕及镜面，部分为伟晶岩脉所充填，具有压扭性特征。

（13）泉州-庄兜断裂（遥感解译）。该断裂位于泉州平原北部，南起泉州市东北，经后仁至庄兜并继续向北延伸，长约 10km。从遥感影像上发现其形态为山地与平原的地貌界面控制了洛阳江支流呈近直线状展布，并使之在断裂处与洛阳江近直角相交。由地质队野外验证时，在洛阳江南的后仁附近采石场可见出露宽十余米的花岗岩破碎带，具大小不等的角砾岩，受风化形成红土角砾。花岗岩节理发育，主体为北东向，并见北西向和近东西向节理。破碎带中强烈风化的花岗岩风化红土与基岩接触面上可见挤压片理化现象。

（14）东莲-盘龙断裂（遥感解译）。该断裂位于泉州平原北部。南起东莲经杏田、尖山至盘龙，区内延伸十余千米。断裂西北侧海拔高程为百余米的丘陵带，与东南侧海拔高程二三十米的第四系沉积区呈直线状地貌、地形界面。在黑白卫星影像上为明显深浅色调差异的平直界线；在不同颜色组合的假彩色合成影像上则呈现不同的色彩强对比分界面。由闽东南相关的地质队野外验证时，于杏田东北的尖山见较为发育的北 50°东走向花岗岩节理，尖山山坡花岗岩风化破碎，并被断裂错断，花岗岩间充填的黄砂土及盖层第四系也有被错痕迹。断裂性质为正断层，推测该断裂为一条具活动特征的活动断裂。

（15）长新厝-庄内断裂（遥感解译）。该断裂位于泉州平原东北部，区内长约 10km。在影像上该断裂显示为较清晰的线状色调界面和地貌界面。从影像上分析，该断裂为断面北西倾的正断层。与东莲-盘龙断裂形成似地堑地貌。该断裂属长乐-南澳断裂带的一部分。

（16）龙湖隐伏断裂（遥感解译）。该断裂位于泉州平原东南区的红土台地中，南起柄洲，沿虺湖、龙湖东南侧至深沪港西北岸，断裂延伸长度约 15km。据地质队实地观察，两侧沉积岩性相同，地形高差近乎一致，可能是由于断裂所引起两侧地下水位的差异所致。断裂北西侧龙湖呈北东向长轴的长条形状，且与虺湖沿断裂呈北东向排列，都反映了受该断裂的控制。该隐伏断裂影像清晰，推测为隐伏活动断裂。

2.3.4　北北东向新华夏系构造

北北东向新华夏系可分为东平-同安-厦门及马甲-磁灶-莲河两个断裂带，其余地区仅零星可见。前者斜贯西部，展布于东平、英都一带，宽 10～12km，断续延长于同安、厦门一带，达 110km，主要由永春马洋断裂、水磨断裂、外碧断裂、安溪的高田等断裂组成，长度一般为 3～5km，长度达十余千米；后者北自郊尾，往西南经泉州马甲、晋江磁灶至同安莲河入海，斜贯泉州市，带宽约 10km，长度大于 85km，穿插于郊尾-新圩-嵩屿北东向新华夏系断裂带中，带内断裂分布局部较集中，大部分地区由于第四系覆盖，断裂出露较分散和断续，一般规模不大，长仅 3～5km，少数十余千米，主要由泉州的马甲、惠安的大雾山等断裂组成。

1. 马甲断裂

该断裂位于泉州马甲东南侧，在宽约 1km 内斜列展布 3 条断裂，长 10～

17km，走向北东 20°～25°以倾向北西为主，倾角 65°～85°。挤压破碎带或硅化破碎带宽 3～10m，局部达 15～20m，断面呈舒缓波状，见构造角砾岩，角砾呈圆至次圆状，具定向排列，部分挤压强烈者具片理构造，常有石英细脉贯入和伴有强烈硅化及叶腊石化。

2. 大雾山断裂

该断裂位于惠安西北约 11km 大雾山附近，长 4km，展布于燕山早期二长花岗岩及南园组火山岩中；走向为北东 10°～30°，倾向南东，倾角 60°～75°。断裂破碎带宽达 200～300m，节理发育，有大量石英脉贯入，岩石普遍有硅化、绿泥石化、黄铁矿化、辉钼矿化等，沿破碎带放射性伽玛强度普遍较高，对该地区钼矿化及放射性矿产控制较明显。

2.3.5 零星分布的新华夏系构造

该构造包括泉州的湖坑仔、南安的下坪、土堀内等断裂。

1. 湖坑仔断裂

该断裂位于泉州西头埔西南约 3km 湖坑仔附近，断裂切割长林组及南园组等地层，长 8km，走向北东 25°，倾向南东倾角 65°～75°。为挤压破碎带，宽 3～6m，断面呈舒缓波状，见构造角砾岩及断层泥，角砾呈浑圆状，岩石具压碎结构，如泉州市东兴南西约 800m，呈大小不一的扁豆体状，紧密定向排列，压扭性特征明显。沿断裂尚见斜冲擦痕，局部为花岗斑岩脉充填，硅化强烈。

2. 土堀内断裂

该断裂位于新圩东北约 10km 土堀内村西北侧之长林组及南园组中，长度大于 10km，西南端为第四系覆盖，九溪附近被东西向断裂切为二段，其走向为北东 20°～30°，倾向南东或北西，倾角 65°～80°，挤压破碎带宽 3～4m，局部达 100m，断面呈舒缓波状，见构造角砾岩和构造透镜体，挤压强烈地段见有片理构造，岩石具明显硅化、绿泥石化、黄铁矿化等，断裂南东盘往北东方向扭动。断裂导水性弱。

2.3.6 北西向构造

典型的北西向构造是永安-晋江断裂带，是一组走向北西 300°～310°的断裂带，宽约 16km，包括北边的洛阳江断裂和南边的乌石山断裂。在西北段长林组和坂头组呈北西向展布，沿断裂见挤压破碎；在惠安下垵见混合花岗岩的变长石斑晶，该斑晶沿北西向（310°）定向排列，显示了压张交替的特征。该断裂带切割了北东向和南北向断裂，常见燕山期花岗岩沿断裂侵入，主要活动期在侏罗纪。

分布于区内的构造主要在泉州北部五台山附近及西北部湖头-安溪一带，以压扭性断裂为其特征。其中湖头-安溪一带北西向断裂为"永安-晋江大断裂"一部分，主要有安溪的芸美、田底、上智等断裂。五台山附近主要有坑头、大力两条断裂。

1. 坑头断裂

该断裂位于泉州五台山东侧南安坑头村附近，长近 14km，向北西延入德化。断裂切割南园组火山岩及燕山早期岩体，走向为北西 320°，近直立，挤压破碎带宽 3～4m，压性结构面发育，呈舒缓波状，局部见有张性裂隙，断面具擦痕并有石英脉贯入，叶腊石化、绿泥石化及黄铁矿化明显，沿断裂见有花岗斑岩脉充填。

2. 大力断裂

该断裂位于五台山西南侧南安大力村附近，长约 8km，总体呈北西 325°走向，断裂挤压破碎带宽约 10m，断面上见有密集的水平擦痕，岩石硅化、叶腊石化、黄铁矿化明显，具压扭性特征。

3. 罗裳山北西向断裂

该断裂是永安-晋江北西向大断裂带的组成部分，位于罗裳山西南官田村一带，长约 4km，走向 315°～320°，倾向北东，倾角 70°～75°，断裂为硅化带，宽 3～8m，局部达 15～20m，沿走向有分支现象，断裂面参差不齐，岩石破碎呈角砾状，并有石英脉贯入，脉状规则平直，硅化强烈，具张扭性特点。

4. 涂寨-东埭断裂（遥感解译）

该断裂位于泉州平原东北部，延伸长度约 10km。卫星影像上具有明显的色调界面和地貌界面。断裂西南侧的丘陵分布基本上受断裂控制，呈北西向排列，水系也基本沿此断裂展布，推测为复活断裂。

5. 杏田-东坑断裂（遥感解译）

该断裂西起岭头，经杏田、长新厝、东坑至赤湖林场入海，延伸 25km。断裂西北段呈北西走向，至长新厝转呈弧形并逐渐转为近东西向。该断裂与北部涂寨-东埭断裂构成半透镜状的地垒地貌形态。断裂使东北侧山体边界平直，并于杏田附近切过了北东向的东莲-盘龙断裂。地质队野外验证时证实该断裂的存在，且在尖山西南坡见到相当发育的节理带，节理面走向为北西 320°；尖山西南坡尚有一泉水出露，使此处地表植被生长甚为茂盛，植被茂盛区长轴也呈北西向。由闽东南地质大队调查，岭头有第四系地层堆积于百余米高山头，西院附近三四十米海拔高程可见海蚀地貌现象。断裂在第四纪以来仍有活动，使北东盘不断抬升，为一条具有新活动特征的正断层。

6. 长新厝-埕边断裂（遥感解译）

该断裂北起长新厝，与杏田-东坑断裂相交，沿鸟西山、南山、居山东北侧山前南下至惠安埕边盐场，长度约 8km。在卫星影像上具有色调界面和地貌界面，山前水系、水沟均沿断裂展布。

7. 洛阳江断裂（遥感解译）

该断裂沿洛阳江展布，并控制了洛阳江的发育。在卫星影像上表现为深色条带。断裂切割了河谷阶地，断裂东南段明显构成了东北侧低丘陵台地与西南侧沉陷区的地貌差异。于洛阳江边可见北西走向的花岗岩破碎带，该断裂为正断层，属于晋江断裂带的一部分。从影像上分析，该断裂为活动断裂。

8. 清源山断裂（遥感解译）

该断裂位于泉州市东北，从北面南沿清源山、五台尾山、大坪山、国公爷山西侧山前展布，长十余千米。断裂以平直的线状控制山前边界，在清源山南台岩西坡可见陡立的花岗岩断崖，崖面风化呈黑色，崖面产状为北西 300°、倾向南西（82°），其中夹有 10cm 厚的砾石岩脉，走向北西 330°，并普遍发育北西 320°～340°的节理。清源山望州亭北的密集花岗岩节理带规模较大，走向近南北。由前人推断清源山断裂为高角度的、控制泉州盆地边界的正向活动断层。

9. 亭店断裂带（遥感解译）

该断裂带位于泉州市西南亭店村附近。沿紫帽山前发育，由二条紧邻的北西向断裂组成，规模较小，其长度分别为 5km 和 10km。在卫星影像上显示为两个不同色区的界面和地貌界面。于亭店附近实地验证时，见宽几十米的花岗岩强烈破碎带，带内断层泥发育，几组交互的小断裂切断石英岩脉，使其中的岩体支离破碎。断裂带的走向为北西 290°～310°，倾角 75°。根据擦痕方向分析，该断裂为高角度的正断层。再从卫星影像和野外验证，该断裂为花岗岩老断层，未见新活动迹象，属晋江北西向断裂带。

10. 宝盖山断裂（遥感解译）

该断裂位于研究区东南部，过宝盖山与双髻山。在卫星影像上显示长度不足 10km，规模较小，影像上呈浅色条带，地貌上反映为直线状山间宽谷。断裂显示张性性质，推测可能向西北继续延伸，归属于晋江断裂带，未见新活动迹象。

2.3.7 南北向构造

南北向构造不发育，仅见于安溪东溪-金谷及泉州白石格-河市两个地段，前者为东溪-金谷断裂，后为有白石格、河市等断裂。

1. 白石格断裂

该断裂位于泉州西头埔北约 6km 白石格附近，长约 7km，南端为第四系覆盖，切割了长林组、南园组等地层，走向南北，倾向东，倾角 70°～85°。硅化破碎带宽 20～30m，岩石破碎，石英脉发育，硅化强烈，地貌上为排列南北向的陡壁。同时该断裂对南园组火山岩中片理的分布起着明显的限制作用，使断层两侧之片理。

2. 河市断裂

该断裂位于河市西侧之南园组火山岩中，长约 6km，南北走向，倾向西，倾角 75°～85°。硅化破碎带宽 5～20m，局部达 50m，岩石挤压破碎，强烈硅化，部分破碎呈角砾状，断面上见有显示逆时针方向扭动的擦痕。

2.3.8　新构造运动

自第三纪以来新构造运动较为强烈，以继承性的断裂活动和断块差异活动为其特征。它们是在北东向新华夏系构造、新华夏系构造、东西向构造等区内主要构造的基础上发生和发展的。活动趋势以稳定的间歇性上升为主，表现形式主要有频繁的地震、众多的温泉、老构造的活化，地块的升降、海岸的变迁，河流切割和阶地发育等。

1. 地震

地震是新构造运动的一个重要标志，它与断裂的活化密切相关。据记载，最强地震为 1604 年 12 月 29 日泉州湾处发生的 8 级强震，在泉州开元寺的东西塔处有说明。地震活动与活动性断裂带有成生联系，明显集中分布于活动性断裂带及它们的转折点、端点和复合部位；在时间上地震活动也有一定的规律。自记载，地震活动大致可分两期：第一期为 1100—1641 年，第二期为 1642 年至今，具有周期性变化。地震活动的频度和强度，自西向东有明显的增强，尤以泉州至厦门以东海域最盛，呈北东向带状分布。

2. 温泉

在泉州安溪的温泉较多，温度最高达 85℃。温泉的出露，明显受永春-蓬莱北东向新华夏系断裂带、郊尾-新圩-嵩屿北东向新华夏系褶断带、永春-郊尾及安溪-惠安等东西向断裂带等控制。在南安市发现交错于田洋北西向和黄山北东向断裂的温泉。

3. 地壳形变、地貌特征及海岸变迁

西北部与南东部的地貌景观有明显差异，总的地势为西北高，东南低，呈阶梯状下降至东南沿海，层状地形明显。西北部为中低山地形，山脉走向主要呈北东向、北北东向、东西向，部分呈南北向、北西向等，明显受区内构造格局控制。地形剥蚀、侵蚀构造作用明显，河谷切割深度大于 200m。

海岸线弯曲度大，多呈北东向、东西向、北西向，以北东向构造奠定了海岸线基本方向，而东西向构造又明显控制着海湾分布，如泉州湾大致呈东西向。水系也发育，大河流主要为北西走向，次一级支流为北东向、南北向和东西向。河流阶地普遍发育，第四系分布方向性明显，其堆积厚度、岩相在西北部与东南部差异很大。

新构造运动引起东南部海岸的变迁，明显地表现为间歇性的上升，不但造成海蚀遗迹分布可达海拔 300m 左右的丘陵地区，而且有史以来，有不少海湾变成了沿海堆积平原。据区域地质调查资料，晋江石狮一带见有古码头和防波堤。100 年前，人们曾在防波堤上钓鱼，今已高出海面 5～8m。而在晋江石狮东南的宝盖山顶有姑嫂塔，曾为宋朝航海标志，现已远离海岸 4～5km。

西北部与东南部新构造运动的表现形式、活动强度、地貌形态等均有很大差异。由区域地质调查报告，结合老构造特点，将研究区划分为西北部断块掀斜上升区及东南部断裂差异间歇上升区。

基于上述的总结，可得出如图 2.2 所示的主要断裂分布图。

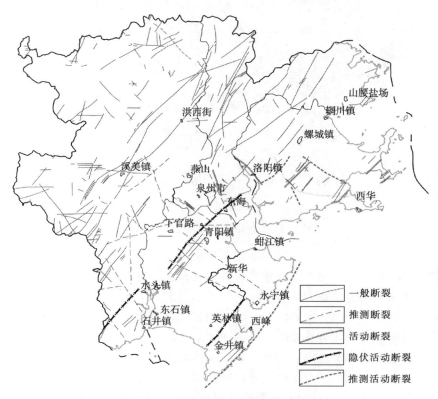

图 2.2 泉州市沿海地区主要断裂分布

2.4 地 形 地 貌

研究区地势西北部高，东南部低，由内地向沿海逐渐下降（图2.3），海拔高程多在100～300m之间，最高海拔高程1150m。地貌形态类型复杂多样，由山地向丘陵、台地至滨海平原递变。台地为侵蚀剥蚀台地。海岸带主要有沙质滩岸、泥质滩岸和岩质海岸。惠安的崇武半岛、晋江的围头岛是沙质滩岸。湄洲湾、泉州湾为泥质滩岸。岩质海岸常与沙质滩岸交替分布。

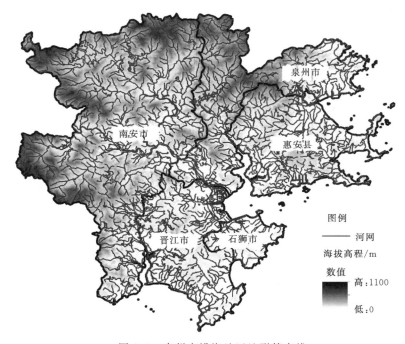

图2.3 泉州市沿海地区地形等高线

晋江的两大支流东溪、西溪的流向均呈北西至南东向，河床坡降大，蕴藏着丰富的水利电力资源，因此建有较多的水库。河谷多属断层谷。晋江、洛阳江等河流和水系的发育，受着区域地质构造的控制，晋江受永安-泉州北西向大断裂控制，各支流分别沿断裂、节理和破碎带等发育。

泉州市主要的地表分水岭位于晋江与木兰溪、晋江东西溪之间、晋江西溪与汀溪和大盈溪等溪流间。研究区地质构造对地貌的发生发展起着基础控制作用。在内陆地区，外动力作用主要以流水侵蚀起主导作用；在沿海地区，以海浪的磨蚀作用为主。所以构造-侵蚀作用是地貌发生发展的最基本因素。因此，地貌基本成因类型以构造侵蚀地貌为主。偶尔出现侵蚀-剥蚀和堆积等特征。

第3章 水文地质特征

3.1 地下水的赋存条件与分布规律

受地质与构造、地貌与植被、气象与水文等自然因素的制约，研究区有松散岩类孔隙水、碎屑岩类孔隙裂隙水及基岩裂隙水 3 种地下水类型，其水质和导水性明显受这些因素影响而呈现着明显的规律性。

3.1.1 地质与构造因素

地质与构造因素是地下水赋存和流动的主导因素。研究区广泛分布的中生界火山岩系，包括南园组、小溪组及石帽山群等地层单位，总厚度达数千米至万余米，基本为酸性、中酸性火山熔岩夹火山碎屑岩，前者呈层块状，孔隙性极小，就岩石本身而言，没有地下水赋存及运动的条件，但在成岩过程中及之后的褶皱、断裂中，产生了不同程度的节理、构造裂隙，并在浅部发育网状风化裂隙，导水性不均匀，泉流量一般为 $0.01\sim0.3L/s$，汇水条件较好的一些断裂泉流量为 $0.3\sim1.0L/s$。火山碎屑岩类泉流量更小，通常小于 $0.1L/s$，可以认为不含水层。

燕山早期及晚期侵入岩类，或者沿海动力变质岩类，岩性为风化花岗岩和含节理裂隙的侵入岩，基本属裂隙性含水岩类，导水性分布不均。

第四系松散岩类是研究区内导水性好的地层，主要含水层为龙海组、东山组、长乐组及山区全新统的砂砾卵石、泥质砂砾卵石、砂、泥质砂等，具有良好的透水性及含水性，其导水性主要取决于含水层的埋藏条件、厚度及泥质含量的多少。一般而言，滨海平原区古河道、现代河床、漫滩、心滩、迎风外海岸带、较大的岛屿地区，含水层厚，导水性较大，单井或单孔出水量在 $100\sim1000m^3/d$，局部可达 $3000m^3/d$，常成为工农业用水水源，如泉州平原的晋江两侧。

大面积基岩裂隙水主要受地质构造，特别是断裂构造对地下水的赋存与分布起着主导作用，不同的构造体系、不同的力学性质、不同规模的断裂或断裂破碎带，互相交织组合，造成了相对储水断裂及导水地段。一般说来，两大构造体系的交汇部位、断裂密集带、短促的张性断裂带、压扭性断裂之上盘及红土台地区活动断裂等导水性较强。

1. 晋江深沪导水断裂

该断裂属新华夏系长乐-南澳断裂带。该区段由较密集的数条近平行压性断裂组成，呈北东向展布，带内岩石强烈片麻理化及混合岩化。宽 2～3km，长约 18km，位于晋江金井半岛边缘，北侧为泉州湾，南侧为围头澳，东部为台湾海峡，西接红土台地，为低缓丘陵地形。构造脉状裂隙水主要赋存于西侧山脚地带，泉点多出露于与北西向短小张断裂交汇部位。由于过量开采或近期的新构造活动，泉流量减小。1960 年的 1：5 万农田供水勘测曾测得 5 处大泉，流量 0.79～5L/s，1979 年福建省水文地质工程地质队量测古安泉和深沪大泉，古安泉流量由当年 5L/s 递减为 0.86L/s，深沪大泉扩建成大口井，流量达 4～5L/s。1999 年和本次调查均未测量到。

2. 马甲充水断裂

该断裂位于泉州乌潭水库东侧。属新华夏构造体系，在宽 1～2km 内由 3 条近于平行的压扭性断裂组成。长度为数千米至十余千米，北段走向北东，有华夏系断裂斜交复合。南段走向北北东，并发育数条横向张性断裂，倾向北西。南端有河市南北向断裂斜接，并有横向张性断裂。带内主要是南园组火山熔岩，普遍挤压破碎，具有不同程度的硅化、叶腊石化及绿泥石化的特征。东侧为平行的北东向山脊，西侧山麓，地下水主要富集在西侧及南端，泉点较密，在汇水条件较好的泉点，流量曾高达 2.05L/s，流量四季变化不大，表明补给源充足及循环深度较大。

3. 惠安红土台地区涂寨化工厂官运水断裂

该断裂位于惠安涂寨，主要是燕山晚期花岗斑岩脉沿燕山期花岗闪长岩体中北北东向断裂带贯入，尔后又有多次继承性断裂活动，使脉岩又产生新的破碎及轻微硅化作用，另外还可能有北西向横向张性断裂交汇。花岗斑岩脉呈北东 50°展布，倾向南东，倾角 30°～50°，斑状结构，斑晶为锥状石英及红色长石，基质隐晶质或细晶质，裂隙发达，有经微硅化现象；围岩花岗闪长岩，粗粒花岗结构，节理稀疏。两者抗风化能力显著差异，因而脉岩突出地表。在发达的风化带内，脉岩相对导水性较强，具有集水廊道作用。

闽东南地质大队曾于 1971 年和 1975 年两次为涂寨工厂进行勘探，先后打了 4 个探采结合孔。4 个孔的钻孔资料表明断裂上盘比较导水。其中 ZK_1 孔，深 116m，含水段为地面下 17.29～33.87m，为碎块花岗斑岩，水位深度 2.22m，最大降深 4.5m，出水量 319.08m³/d；ZK_2 孔，深 74.32m，含水段地面下 12.68～30.56m，岩性同 ZK_1 一样，水位深度 2.25m，最大降深 4.05m，出水量 681.7m³/d。两孔间在抽水试验中发现有明显的水力联系，进行互阻试验，结果总出水量为 900m³/d。如果以推断降深 7m 计算，出水量 1000m³/d 以上。

3.1.2 地貌与植被影响

研究区地下水基本来自于降雨入渗补给。不同的地貌和植被覆盖程度影响着降雨的入渗。在有侵蚀构造的中低山区，植被覆盖率较高，地形起伏大，切割较深，地下水资源不丰富，据前人调查，枯季地下水径流模数为 $0.34\sim7.53L/(s\text{-}km^2)$。在丘陵区，地势较低，植被不完整，地下水资源较贫乏，前人调查的枯季地下水径流模数为 $0.25\sim2.54L/(s\text{-}km^2)$。红土台地区，属剥蚀地貌，植被覆盖率低，地形起伏不大，但风化壳极发育，其导水性较均匀。据前人统计，大量民井单井出水量为 $5\sim10m^3/d$。该区域沟谷水流多为季节性水流，在枯水季节因为地下水开采量增大地下水位降低。据前人统计年平均地下径流模数为 $4\sim7.5L/(s\text{-}km^2)$。在条形洼地、马蹄形洼地地下水相对集中。滨海平原、山间盆地等堆积地貌区，地下水相对较丰富，以一级阶地最好，二级阶地次之，三级阶地最差。现代河床、心滩、漫滩、河流两岸、古河道及迎风外海岸带地下水最富集。在现代风砂地形区，由于表面松散砂的存在，可大量接受降雨补给，也富集一定量的地下淡水。滨海岸及河口区，由于地形低洼，地下水交替缓慢，至今仍为半咸水或咸水。

3.1.3 气象及水文条件影响

气象条件直接影响着降雨量及降雨季节的分配，从而影响着地下水的补给量。气温、湿度、风向、风速、蒸发量等要素对地下水影响较小。河流、水库、水塘、渠道及海洋等水文条件也影响着地下水补给和排泄。如每年11月至次年2月为枯水期，5—9月为丰水期。在丰水期地下水位高，沿江两侧补给地下水量大，地下水位相对较高。例如滨海平原区晋江，在沿江两侧河流补给地下水量大，加上含水层相对较厚，地下水资源较为丰富。

3.2 地下水类型及含水岩组划分

根据地下水的介质特性，可以将研究区地下水划分为松散岩类孔隙水、碎屑岩类孔隙裂隙水和基岩裂隙水。

3.2.1 松散岩类孔隙水

该含水岩组包括第四纪不同时代冲积、冲洪积、海积等多成因松散堆积物，由于新构造运动形成的差异运动，山区以粗颗粒堆积物为主，地下水为孔隙潜水。向滨海渐变为颗粒较细的相互叠置的海陆混合堆积物，孔隙潜水或承压水均有出现，有部分地区形成双层或多层含水层。研究区内松散岩类孔隙水的分布和特征见表 3.1。

表 3.1　　　　　研究区内松散岩类孔隙水的分布和特征

	分布区域	地下水埋深	含水层主要岩性	含水层厚度	单井涌水量	导水性	矿化度
泉州市	泉州平原近晋江两岸	2.1～2.99m	中细砂、含砾砂、砂砾卵石	11.37～21.45m	近晋江涌水量大，127～188 m³/d，局部混合抽水达 1417m³/d	8.4～13.18 m/d，局部达 48.53m/d	1.85～1.88g/L
泉州市	泉州平原远晋江两岸	1.8～3m	含砾中细砂	厚度较大	300～400m³/d	8.81～24.24m/d	0.9～1.2g/L
晋江市	深沪、金井	1.1～4.5m，局部达 8.8m	细砂、含泥细砂、中细砂、粉质黏土	一般厚度小于 15m	17.19～126.23m³/d	0.358～2.686m/d	淡水
晋江市	晋东平原、深沪湾及安海-东石沿海一带	0.62～2.38m	黏砂土、淤泥质细砂	1.95～5.28m	20.74～116.64m³/d	6.9m/d 左右	7.94～13.91g/L
南安市	贵峰-镇山、美林、洪濑的洪北-西林一带	一般 0.2～3.5m，局部可达 7.1m	冲洪积中粗砂和砂砾卵石	厚 5～10m，远离河流的主要含水层厚 2～3m	民井涌水量 8.3～18.2m³/d	0.5383～3.0875m/d	淡水
南安市	石井、水头沿海一带	0.25～4.52m	黏砂土、淤泥质细砂	0.88～4.37m		0.23～3.51m/d	大于 2g/L
石狮市	零星分布在福埔-沙塘、溪东-郭厝、灵水街、石狮电厂、前坑	0.50～1.72m	含泥细砂、粉土及粉质黏土	1.07～3.4m	5.0～10.0m³/d		
石狮市	陈埭、西滨、陈厝						新开垦区，微咸水或咸水
惠安县	惠安东部平原和黄塘溪一带和涂寨的坝内、东庄一带	一般在 1～3m	黏土质砂、含泥沙、中细砂和砂砾卵石	一般小于 9.5m	中细砂处在丰水期达 1500m³/d，而在冲洪积二级阶地 34.04～78.19m³/d	不均匀，岩性不同，10.00～17.10m/d	淡水和微咸水
惠安县	零散分布于惠安的其他松散堆积物地区	一般在 1～3m	含泥沙、中细砂、砂质黏土	一般小于 9.5m	民井涌水量 19.44～54.43 m³/d	0.89～3.83m/d	一般小于 0.6g/L
惠安县	辋川、东桥、净峰、小岞、张坂、山霞、崇武、百崎、东园、洛阳等滨海、河口地带和新近围垦区	一般在 1～3m	海积淤泥及部分冲洪积泥质细砂、中细砂	一般小于 9.5m		导水性不均	高达 35.3g/L

3.2.2 风化带孔隙裂隙水

该裂隙水分布于研究区内的山前地带、低丘和红土台。山前、低丘风化带主要由侵入岩、变质岩和火山岩的风化和剧风化和强风化带组成。风化带一般上部为残坡积层，岩性主要为风化形成的黏性土、砂质黏性土，黏土矿物含量高，渗透性差，厚度为 $1\sim41m$。下部为风化裂隙发育的裂隙网络，厚度在 $2.5\sim28.8m$。钻孔单孔涌水量一般为 $10\sim56m^3/d$，局部富水地段达 $185.1m^3/d$，渗透系数为 $0.11\sim3.09m/d$，矿化度为 $0.15\sim0.91g/L$，水质类型以 $Cl^-\cdot HCO_3^--K^++Na^+\cdot Ca^{2+}$ 或 $Cl^--K^++Na^+\cdot Ca^{2+}$ 为主。红土台地地层岩性为红色——砖红色黏土、含砂黏土，地下水位埋藏深，一般在 $7\sim15m$，水量小，民井涌水量为 $1\sim2m^3/d$。在研究区的局部地段，如晋江深沪的赤湖—围头断裂、晋江青阳西南方向的晋江场站，存在隐伏构造破碎带，具有较丰富的地下水。

3.2.3 基岩裂隙水

该裂隙水分布于低山，丘陵地带的基岩区，地下水赋存于各种不同时代的火山岩、变质岩和侵入岩的节理、构造裂隙、风化裂隙、张裂隙发育的断裂破碎带中，导水性不均匀。大气降水从裂隙或孔隙渗入地下水，多呈分散状汇流入沟谷或在坡麓以泉的形式出露，构成地表水源头，储水空间有限。基岩裂隙水钻孔涌水量 $1.38\sim58.25m^3/d$，泉流量小于 $20m^3/d$，水质类型为 $HCO_3^--K^++Na^+$，$Cl^-\cdot HCO_3^--K^++Na^+\cdot Ca^{2+}$。

3.3 地下水的补给、径流和排泄条件

基岩裂隙水分布在低山高丘地带，地形坡度大，基岩裸露且大气降水是含水层的唯一补给源，地下水呈脉状或带状运动，径流短，地下水以泉或散流形式排泄，没有明显的补给、径流、排泄区之分。

风化带孔隙裂隙水分布在山前坡麓和波状起伏的红土台地，补给源以大气降水为主，基岩裂隙水的侧向补给为辅。地下水沿孔隙或裂隙网络运动，水力坡度较缓，径流途径较长，以泉的形式向沟谷排泄或以潜流形式补给松散岩类孔隙水。

松散岩类孔隙水，分布于平原地带或溪沟两侧，以大气降水补给为主，近台地和基岩部分，接受风化带孔隙裂隙水和基岩裂隙水的侧向补给。地下水水力坡度小，径流缓慢，水位埋藏较浅，向河流下游或大海排泄。

3.3.1　地下水子系统分类

根据地形、构造、水系发育等特征，泉州市沿海地区地下水可分为 5 个子系统，如图 3.1 所示。Ⅰ区为晋江流域地下水子系统，分布范围最广，在北和西北侧地下水接受山区降雨的大量补给，在晋江沿岸的第四系地层中地下水又接受晋江的入渗补给，地下水向东北流动，一直流向大海，而泉州-晋江平原属于该地下水子系统范围。Ⅱ区洛阳江地下水子系统，地下水由北向南流动，最后经洛阳江流入泉州湾。地下水子系统Ⅰ和Ⅱ由小阳山-清源山-五台尾山-大坪山地形分水岭分割，山脉海拔 130.8～531.0m。Ⅲ区为围头湾地下水子系统，由于地形分水岭，Ⅲ区北侧与Ⅰ区的地下水子系统分界，东侧边界为在晋江中部发育的南北向山脉的分水岭，地下水由北向南流入围头湾。Ⅳ区为惠安东沿海地下水子系统，由惠安中部的山阻隔与Ⅱ区地下水子系统相邻，地下水由西侧的山区向东侧的海边界流动。Ⅴ区为晋江南沿海地下水子系统。各个

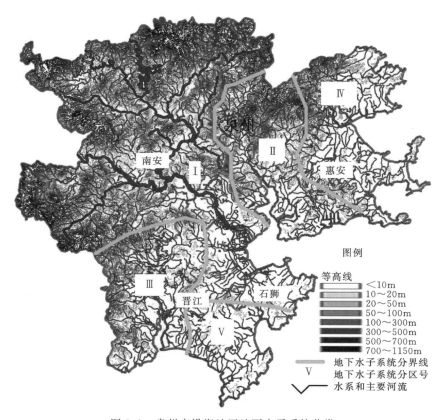

图 3.1　泉州市沿海地区地下水子系统分类

地下水子系统均包括有基岩裂隙水、风化带孔隙裂隙水和松散岩类孔隙水，有着相对独立的补给、径流和排泄条件，但总的来说，受着地形地貌、水文气象和地质条件的控制。

3.3.2　不同地形地貌区地下水补径排特征

大气降水是研究区内地下水的主要补给来源，不同的水文地质单元，由于地形地貌、地层岩性、构造等因素的影响，地下水的补给、径流和排泄条件各具特色。

1. 低山丘陵区

低山丘陵区主要由花岗岩和凝灰熔岩组成。大气降水是基岩裂隙水的主要补给来源。由于地形较陡，风化壳厚度小，岩石裸露，呈致密坚硬状，沟谷发育，大气降水大部分以地表径流流失，小部分沿裂隙或风化残积层孔隙渗入补给地下水。地下水主要赋存运动于风化裂隙和构造破碎带中，流向大致与地形坡向相吻合，水力坡度较大，径流途径短，水的循环深度较浅，交替作用强烈，排泄条件好，多呈分散状沿沟谷或坡麓以泉的形式泄露于地表或直接补给其他含水层，没有明显的补给、径流和排泄分区，导水性差，地下水量贫乏。

2. 残丘台地区

残丘台地区分布在基岩山区与松散岩类堆积区之间，由残山孤丘和红土台地组成，地形波状起伏，风化作用强烈，风化壳厚度变化较大，含孔隙裂隙水。大气降雨是其主要补给来源，次为基岩裂隙水的侧向补给。地下水运动方式有两种：一是由于地形低缓，水力坡度较小，地下水在风化壳的孔隙裂隙中进行水平运动；二是通过孔隙在毛细作用下作垂直运动。二者运动速度均较缓慢。排泄方式亦有两种：一是在马蹄形洼地以泉水泄露地表或以潜流状态补给台地前缘的松散岩类孔隙含水岩组；二是地下水通过毛细作用而蒸发。地下水位随气候变化非常明显，雨季水位急剧上升，旱季水位下降，一般水位变化幅度2～3m。

3. 堆积平原区

因新构造运动，沉积了粗细叠置、厚度不一的第四系松散堆积物，平原后缘与丘陵台地相连，含孔隙潜水。滨海地区有1～2个含水层，含孔隙潜水或微承压水。山前地带垂直补给和侧向补给均有，即接受大降雨和基岩裂隙水、残坡积层孔隙裂隙水的补给。由于地形平坦，地下水运动以水平径流为主，水力坡度较小，径流路径较长，地下水循环交替作用缓慢。地下水和地表水有较密切的水力联系，除了少部分地面蒸发和植被蒸腾外，地下水主要向地表水体（河、海）排泄，在雨季或海水涨潮时，地下水接受地表水的补给，二者之间呈过渡渐变的相互补给关系。地下水动态仍受气候影响，旱季和雨季水位变化幅度一般1～2m，除此之外，近海地带还与潮汐有关，上部含水层水位变化与海潮海落近乎一致，下含水层水位波动经潮水推迟了 1～2h。近海影响大，远离海边影响小。

3.3.3 地下水的动态

地下水动态受大气降雨、地形、岩性、开采条件等综合影响。在低山丘陵区和残丘台地区，含水层介质的渗透系数比较小，当附近有民井持续抽水时，地下水位会迅速降低，短期内（一般为 2～4h）局部范围内含水层会疏干，在若干个小时（一般为 6～12h）地下水位逐渐恢复。含水层的渗透系数也分布不均，选取的部分裂隙井抽水动态如图 3.2 所示。图中泉州市区浮桥、南安市燎原、晋江市深沪镇科任、惠安县后曾村、石狮市永宁镇的裂隙水在抽水 1～2min 时，地下水位下降很快，最大降深达 0.15m，而停止抽水时，水位恢复时间较长，最长的浮桥镇试验点在 1.67h 后地下水位恢复不到抽水前的 60%。

在堆积平原区，地下水为孔隙水，含水层介质的渗透系数相对较大，地下水动态与大气降雨量相关关系较大，如惠安县某一孔隙水民井地下水动态如图 3.3 所示，年变幅在 1m 左右。

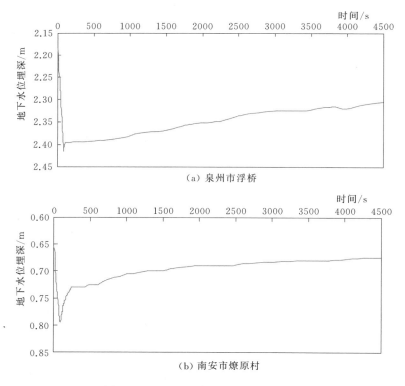

（a）泉州市浮桥

（b）南安市燎原村

图 3.2（一） 裂隙水在抽水时的动态

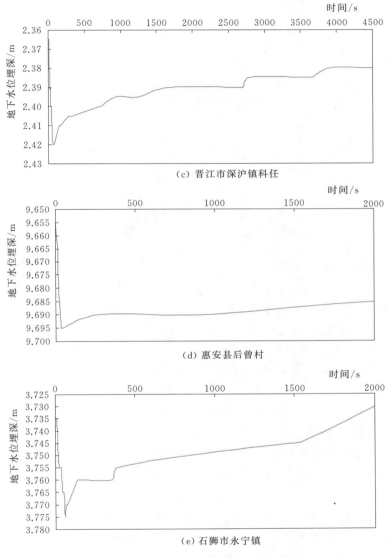

（c）晋江市深沪镇科任

（d）惠安县后曾村

（e）石狮市永宁镇

图 3.2（二） 裂隙水在抽水时的动态

3.3.4 典型平原区水文地质条件

典型平原区为泉州-晋江平原。它包括泉州、晋江两个平原。分别位于晋江下游和泉州湾西海岸，分布范围北起丰州，南至石狮，长约 25km，东西宽 9～12km，总面积约 130km²。平原地处滨海，冬无严寒，夏无酷暑，气候温和湿润，属海洋性季风气候，多年平均降雨量 1000～1200mm。尽管

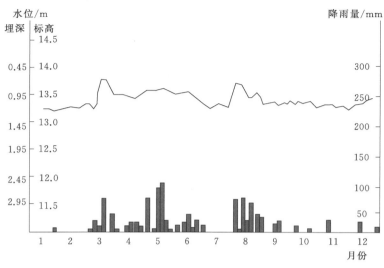

图 3.3 惠安某一孔隙水民井地下水动态

降雨量不大，但晋江径流模数达 31.6L/（s-km²），对补给临江两岸地下水十分有利。西部和北部为燕山期花岗岩组成的低山、圆丘和侵蚀剥蚀作用形成的红土台地，植被不均匀，构造和裂隙不大发育，降雨多半以地表流排泄，渗入地下甚微，地下水枯季径流模数 0.0046～0.346L/（s-km²），井、泉流量一般小于 0.1L/s。

平原由长乐组海积、冲积、东山组冲洪积和龙海组冲洪积依次叠置，总厚8.28～26.24m。除东山组外，余者在地面均有出露。龙海组在平原边缘呈二级阶地，在平原呈掩埋阶地。由于岩性、补给条件、地理位置的不同，各组的水文地质条件差异较大，也具有不同的水化学特征。

1. 泉州平原

沿晋江两岸展布，地表水系比较发育，具有单个到多个承压含水层，泉州平原典型水文地质剖面如图 3.4 所示。导水特征大致是：长乐组含水层埋深一般以含泥细砂为主，含砂量在 80％ 以上，透水、导水性好，渗透系数为13.17m/d 左右；东山组含水层为含泥细砂、黏性土，局部夹卵石，含泥高于长乐组，透水、导水性稍弱。龙海组普遍为砂砾卵石，含泥仅 10％～15％，透水、导水性良好，渗透系数 8.4～48.53m/d。

由于岩性、补给条件的不同，导水性在平原区差异较大，水量丰富的主要分布在晋江两岸近侧，呈条带状展布，含水层厚在 11.37～21.45m，隔水层较薄，晋江河床切割含水层，江水可以补给地下水，渗透系数可达 48.53m/d。在稍远离河流处，河水补给作用时间较长，地下水水量也比较丰富，渗透系数

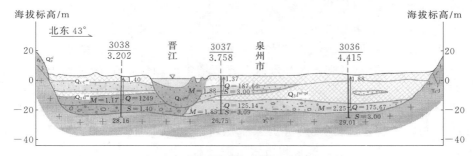

图 3.4 泉州平原典型水文地质剖面图

(据福建省水文工程地质队福清幅、南日岛幅、泉州幅、厦门幅区域水文地质普查报告，1979 年)

降低为 24.24m/d。再远离河流处，岩性一般为上覆上乐组黏土和东山组紫红色半固结砂质黏土，虽然有厚 4.75m 的含水层，补给量不大，水量较少。在地表水补给区地下水化学类型一般为 $Cl-HCO_3-Na(Mg)$ 型，在离海水较近处为 $Cl-Na$ 型。

2. 晋江平原

晋江平原与泉州平原的晋江相望，位于南部，西邻红土台地或二级阶地，东濒泉州湾，地形十分平坦，但河流短浅，水渠纵横。平原上覆盖长乐组海积淤泥和黏土，厚 10.78～18.42m。含水层以黏砂土、淤泥质细砂为主，厚 1.95～5.28m，局部有薄层砾卵石，为承压水。与风化裂隙水混合抽水时，单孔出水量较大，在 20.74～116.64m³/d，渗透系数在 6.9m/d 左右。地下水交替缓慢，水化学类型一般为 $Cl-Na$ 型中酸性水，矿化度达 7.94～13.91g/L。

3.4 地下水开发利用

3.4.1 地下水开发利用历史

据福建省国土资源厅《福建省地下水资源评价》报告，泉州市多年平均天然补给资源量为 23.87 亿 m³，占全省总量的 7.8%。其中松散岩类孔隙水分布面积 688.20km²，多年平均地下水资源量为 0.80 亿 m³（包括咸水区面积 189.40km²，资源量 0.11 亿 m³）；碳酸盐岩类岩溶水分布面积 8.72km²，多年平均地下水资源量为 0.18 亿 m³；基岩裂隙水分布面积 10358.08km²，多年平均地下水资源量为 22.89 亿 m³（包括分布于沿海台地面积 1015.70km² 的资源量 0.85 亿 m³）。

地下水开采量的调查工作难度大。据《福建省地下水资源评价》和泉州市水资源公报，泉州市在 20 世纪 70—80 年代和 1999 年工业、农业和生活采用地下水量如图 3.5 和图 3.6 所示。地下水开采多以孔隙水或残积层孔隙-裂隙水为主。以 1999 年为例，孔隙水开采量为 $0.07 \times 10^8 \mathrm{m}^3$，裂隙水为 $1.09 \times 10^8 \mathrm{m}^3$。从总量上说，地下水开采量有逐年增多的趋势，在 70 年代地下水开采量仅有 $0.61 \times 10^8 \mathrm{m}^3/\mathrm{a}$，80 年代达 $1.27 \times 10^8 \mathrm{m}^3/\mathrm{a}$，到 1999 年为 $1.16 \times 10^8 \mathrm{m}^3/\mathrm{a}$。在 70 年代，地下水开发利用以生活用水为主，占 60% 强；到了 80 年代，农业开采地下水占地下水开采量比例达 53%；在 1999 年，地下水开发利用仍以生活用水为主。据泉州市水资源公报，2006 年泉州市水井提水量共 $2.19 \times 10^8 \mathrm{m}^3$，比 1999 年增加了近 1 亿 m^3。

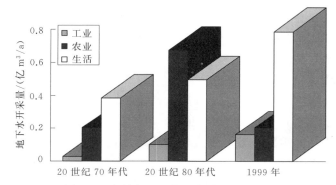

图 3.5　泉州市地下水开发利用量变化图

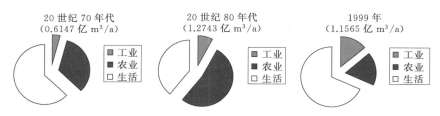

图 3.6　20 世纪 70 年代以来泉州市各行业地下水开采量所占比例分布

3.4.2　地下水开发利用现状调查

经过对泉州市区和涉及的惠安县、南安市、晋江市和石狮市所辖区域进行了地下水开发利用调查，地下水开发利用具有如下特点。

（1）地下水开采利用以分散型为主，基本呈"一户一井"型，除在晋江深沪镇科任村发现有集中的地下水供水外，其他还未发现有集中地下供水系统（图 3.7、图 3.8）。

（2）含水层较薄，一般在 20m 以内，城镇居民开井一般是露天井配以机井于井内抽水，形成供水管网，多数井达到基岩，在抽水过多时常出现疏干现象。

图 3.7　农村典型开采井

图 3.8　大口径地下水井

（3）城镇居民非常关心地下水是否适合饮用。在覆盖有地表水管网区，地下水仅在紧急情况（如停水）下用于饮用水；在没有地表水管网地区（如临海乡镇），饮用水以地下水为主。许多城镇生活垃圾污水排水未经处理任意排放，在降雨条件下可能入渗到地下水中，使地下水作用饮用水的保障程度降低。

（4）在晋江市，多以风化带孔隙裂隙水作为开采水源，大多数为一户一井，水井密度大。地下水位埋藏一般为 2.4～19.0m，局部大于 25.0m，单井出水量小，常可见大口径取水井（图 3.8），晋江深沪科任村，由于裂隙较为发育，附近存在常年不干的泉沟。

（5）在南安市，地下水开采多以孔隙裂隙水为主，主要为生活用水。基本上为两三户一井。地下水位埋藏深度一般为 1.2～12.1m，局部大于 16.0m。部分区域采用 20～30m 的简易深井。由于部分区域裂隙发育，温泉出露，如码头镇新汤村，水温达 40℃（图 3.9）。

图 3.9　南安码头镇新汤村温泉

（6）在泉州市区，地下水开采用于生活用途，基本为二至多户一井。部分区域裂隙发育，裂隙水质较好，可用于矿泉水。如清源山的双乳泉矿泉水厂，流量约为 $20m^3/d$（图 3.10）。还有清源山带的北峰矿泉水厂，井深 80～100m，水质优良，偏硅酸达 70mg/L，出井时水量达 $500m^3/d$，井水自流，从 1997 年到现在从未间断过（图 3.11）。

（7）在惠安县，多以风化带孔隙裂隙水为开采水源，基本为一户一井。风化带孔隙裂隙水的水质类型主要以重碳酸氯化钠钙型和氯化钠钙型，矿化度 0.1～0.5g/L。由于地下水矿化度较高，地下水主要用于生活用途，部分区域开采构造裂隙水作为工业用途。

（8）在石狮市，地下水开采以孔隙裂隙水为主。由于地表水管网不完善以及外来人口多，地下水仍作为饮用和生活用途。

图 3.10　清源山一带裂隙水作为矿泉水 I

图 3.11　清源山一带裂隙水作为矿泉水 II

第4章 地下水资源评价

4.1 地下水资源评价范围和方法

4.1.1 地下水资源评价范围

地下水资源评价区域为泉州市沿海区，区域面积共 $2753km^2$。评价区地下水类型分区如图 4.1 所示。

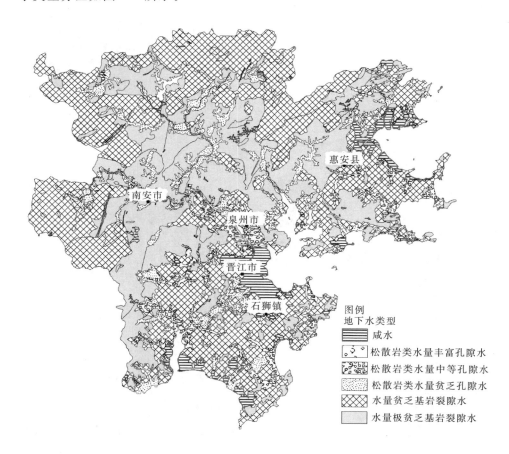

图 4.1 评价区地下水类型分区图

4.1.2 地下水资源评价

地下水资源评价是在一定的天然及人工条件下，对地下水水量及水质作出定量计算或估计。其中主要解决两个问题，即符合给定水质条件的开采量和获得补给的保证程度。要维持连续稳定的开采量，必须有充足的补给量来保证。当补给量随季节发生增减时，开采量的组成也随之发生变化。在这种变化中，储存量往往起着调节作用。因此，在进行地下水资源评价时，补给量的平衡作用和储存量的调节作用，都是不可忽视的。一般来说，资源评价工作应有两个方面：一是要根据需水要求和水文地质条件拟定开采方案，按开采方案计算可以取出来的开采量；二是求开采条件下的补给量，可以用来调节的储存量，以及可能减少的消耗量，并以此来评价开采量的稳定性，求得合理的可开采资源量。

4.1.3 地下水资源评价分区

为了管理部门制定地下水开发利用规划提供科学依据，按地下水系统和乡镇区相结合的方案进行地下水资源的计算和评价，针对地下水子系统和行政区又分为平原区（松散孔隙介质）和山区（基岩裂隙）分别评价。

地下水子系统按晋江流域地下水子系统（Ⅰ）；洛阳江地下水子系统（Ⅱ）；围头湾地下水子系统（Ⅲ）；惠安东沿海地下水子系统（Ⅳ）；晋江南沿海地下水子系统（Ⅴ）分别进行评价。

乡镇级地下水资源评价是在地下水系统资源评价计算的基础上，考虑地质条件和开采的技术条件，将地下水资源量按一定比例分配到各行政区。评价的乡镇包括泉州市区的 14 个乡镇区（鲤城区、丰泽区、双阳镇、河市镇、马甲镇、罗溪镇、虹山乡、涂岭镇、界山镇、南埔镇、前黄镇、后龙镇、峰尾镇、山腰镇）；晋江市的 15 个乡镇区（紫帽镇、池店镇、陈埭镇、西滨镇、青阳镇、磁灶镇、内坑镇、罗山镇、安海镇、永和镇、东石镇、龙湖镇、英林镇、深沪镇、金井镇）；南安市的 26 个乡镇区（莲华镇、诗山镇、码头镇、九都镇、向阳乡、乐峰镇、罗东镇、眉山乡、金淘镇、梅山镇、洪梅镇、仑苍镇、省新镇、康美镇、洪濑镇、翔云镇、英都镇、东田镇、溪美街道、美林街道、柳城街道、霞美镇、丰州镇、官桥镇、水头镇、石井镇）；石狮市的 8 个乡镇区（灵秀镇、石狮市区、宝盖镇、蚶江镇、祥芝镇、鸿山镇、锦尚镇、永宁镇）；惠安县的 16 个乡镇（紫山镇、螺城镇、辋川镇、黄塘镇、洛阳镇、螺阳镇、涂寨镇、东桥镇、净峰镇、东岭镇、东园镇、百崎乡、张坂镇、山霞镇、崇武镇、小岞乡），共计 79 个乡镇区。

4.1.4　地下水资源评价原则

结合泉州市的需水要求和水文地质条件，考虑如下原则：

（1）地下水与大气降水、地表水相互转化。

（2）地下水补给、储存、排泄统一考虑。

（3）充分利用储存量的作用，以丰补歉。

（4）不同的供水目的和不同的水文地质条件区别对待。

（5）经济技术合理及环境效益合理的原则。

在对评价区水文地质条件掌握基础上，一方面，考虑用水单位的需水量，选择经济上合理、技术上可行的开采方案，即根据不同水文地质条件拟定合理的开采方案（包括地下水水源地位置、井的布局、井距以及水井结构和取水设备），达到经济技术合理；另一方面，为了更有效地开发利用和保护地下水资源，防止过量开采造成不良的环境地质后果，使地下水的开采效益达到最大，即环境效益合理。

4.1.5　地下水资源评价方法

地下水资源评价方法种类多，总体上可分为实际试验法和数学分析法，具体方法和评价基础见表 4.1。对于山区，地下水资源评价多以系统分析中的基流切割法、排泄量法来进行计算。对于平原区，地下水资源评价多以补给量法、地下水均衡法、补给量减去不可夺取消耗量法进行评价。根据《供水水文地质勘察规范》（GB 50027—2001），地下水资源评价主要是评价地下水的补给量、储存量和可开采资源量。本研究将采用地下水均衡法对各个地下水子系统的资源量和可开采资源量进行评价。对各乡镇区的地下水资源评价根据地下水子系统的地下水补给模数和可开采模数来进行综合评价。

表 4.1　　　　　　　　　　地下水资源评价方法分类表

方法分类	主要评价方法	模型	评价基础	需要条件
实际试验法	水文地质比拟法	经验模型	相似原理	需要水文地质条件相似的水源地勘探及开采资料
	水量均衡法			
	开采试验法		以水均衡法为基础	需要测定均衡区内各项均衡要素
数学分析法	概率统计分析法	随机模型	以实际观测资料为依据	需要地下水（泉）或地表水动态长观资料以及抽水试验的实际数据
	地下水文分析法			
	系统分析法			
	水动力学解析法	确定性模型	以渗流理论和现场调查试验为基础	需要地下水渗流场中的有关水文地质参数，初始条件和边界条件
	数值法			
	电网络模拟法			

地下水资源是指多年平均状况下可以持续利用、恢复、更新与调节的水量。而泉州市沿海地区属亚热带海洋气候,降雨量充沛,地表水资源丰富,水资源的开发利用以地表水资源为主,地下水资源为辅。据泉州市水利局 2006 年水资源公报统计,地下水资源利用仅占供水量的 8% 左右。针对地下水开发利用较少、降雨量大的泉州市沿海地区,不仅需要评价地下水可持续开采量,还需要评价其疏干开采量,以弥补特干旱年泉州市应急供水的需求。

1. 地下水补给量的计算方法

(1) 基岩山区裂隙水的地下水天然补给量。其补给量等于大气降水的入渗补给量,其计算公式为

$$Q_{补} = Q_{降} \tag{4.1}$$

$$Q_{降} = xF\alpha \tag{4.2}$$

式中:$Q_{降}$ 为大气降水入渗补给量;x 为多年平均年降雨量;F 为计算区面积;α 为降雨入渗补给系数 (一般取经验值)。

(2) 平原区第四系孔隙水。对于泉州沿海地区平原区第四系孔隙水,其计算公式为

$$Q_{补} = Q_{河} + Q_{渠} + Q_{田} + Q_{洪} + Q_{降} + Q_{侧} \tag{4.3}$$

式中:$Q_{补}$ 为地下水补给量;$Q_{河}$ 为河道渗漏量;$Q_{渠}$ 为渠道渗漏量;$Q_{田}$ 为田间渠系灌溉水入渗量;$Q_{洪}$ 为暴雨洪流入渗补给量;$Q_{降}$ 为大气降水入渗补给量;$Q_{侧}$ 为侧向潜流补给量。

河流和渠道渗漏量可依式 (4.4) 计算。

$$Q_{河或渠} = Q_{上} - Q_{下} - Q_{引} - Q_{蒸} \ 或 \ qL \ 或 \ KA\frac{H_{河} - Z}{M} \tag{4.4}$$

式中:$Q_{上}$ 为上断面河道或渠道年径流量;$Q_{下}$ 为下断面河道或渠道年径流量;$Q_{引}$ 为上下断面间引走的水量;$Q_{蒸}$ 为上下断面间水面的蒸发量;q 为单位长度平均渗漏量;L 为计算河 (渠) 段长度;K 为河 (渠) 底部弱透水层渗透系数;A 为河 (渠) 底部含水层浸润面积;$H_{河}$ 为河水位;Z 为河底弱透水层底部的海拔高程;M 为河底弱透水层厚度。

田间渠系灌溉入渗补给量计算公式为

$$Q_{田} = Q_{引}\alpha_1 \tag{4.5}$$

式中:$Q_{引}$ 为进入斗门田间引水量;α_1 为田间综合入渗补给系数。

暴雨洪流入渗补给量按下式计算,在评价时将这一部分计入大气降雨入渗补给量中。

$$Q_{洪} = Q_{径}\alpha_2\beta \tag{4.6}$$

式中:$Q_{径}$ 为暴雨洪流径流量;α_2 为入渗补给系数;β 为计算区内洪流损失率。

大气降雨入渗补给量按式 (4.2) 计算。

侧向潜流补给量则按达西定律计算公式为

$$Q_{侧} = KIB \tag{4.7}$$

式中：K 为含水层渗透系数；I 为地下水水力坡度（调查和计算值）；B 为过水断面面积。

2. 地下水排泄量

在泉州市沿海地区，地下水排泄量主要包括潜水蒸发和蒸腾、地下水开采和侧向流出（包括流入海部分）。在晋江平原，地下水可能向晋江排泄，但因收集资料有限，而且排泄范围较小，这里不对其进行计算。

潜水蒸发和蒸腾按修正后的阿维里扬诺夫公式计算为

$$E = kE_0 (1 - Z/Z_0)^n \tag{4.8}$$

式中：E 和 E_0 分别为潜水蒸发量和水面蒸发量，mm；k 为作物修正系数，无作物时 k 取 $0.9 \sim 1.0$，有作物时 k 取 $1.0 \sim 1.3$；Z 为潜水埋深；Z_0 为极限埋深，黏土 $Z_0 = 5\text{m}$ 左右，亚黏土 $Z_0 = 4\text{m}$ 左右，亚砂土 $Z_0 = 3\text{m}$ 左右，粉细砂 $Z_0 = 2.5\text{m}$ 左右；n 为经验指数，一般为 $1.0 \sim 3.0$。

地下水开采量则由基准年的地下水开发利用现状调查得到。

侧向流出量则按类似式（4.7）来计算水量。

3. 地下水均衡

根据地下水均衡原理，针对一个地下水均衡单元，地下水总的补给量减去总的排泄量应该等于含水层储存量的变化量，即

$$Q_{补} - Q_{排} = \mu F \Delta H \tag{4.9}$$

式中：$Q_{补}$ 为地下水总的补给量；$Q_{排}$ 为地下水总的排泄量；μ 为给水度；F 为地下水均衡评价区的面积；ΔH 为均衡期内的地下水位变幅。

4. 地下水天然资源量

基岩山区地下水天然资源量就是大气降雨的入渗补给量。而平原区的地下水天然资源量是降雨入渗补给、河流入渗、地下水侧向补给之和。

5. 地下水可开采资源量

对于一个地下水均衡单元，如果在长期的地下水运动中地下水补给和排泄之间达到一种天然的动平衡关系，则地下水位会保持不变。如果从含水层中抽出水量 q，则会引起补给量的增量 ΔR 和排泄量的减量 ΔD。要使开采后的地下水均衡单元达到新的平衡，必须满足开采的水量为补给量的增量和排泄量的减量之和，即满足式（4.10）。

$$q = \Delta R + \Delta D \tag{4.10}$$

也就是说，只有当开采量等于补给增量与排泄减量之和时，才可能形成地下水的稳定流，这时的开采量才是可持续开采量。这一结论已被陈崇希（1982）、刘光亚（1982）和 Bredehoeft（2002）认识，已逐渐得到水文地质同行的认可。

对于泉州市沿海地区而言，排泄量的减少量就是开采截获的水量，包括：①由于地下水位降低而减少的天然蒸发量；②排泄边界减少的地下水流出量。由于种种原因，总会还有一部分天然补给量不能被开采截获。而增加的补给量，可称之为开采夺取量，主要包括夺取地表河水补给和地下水向海排泄量。目前，晋江和地下水的补排关系在大多数地段是晋江补给地下水，甚至一些地方本身为非饱和带补给。

开采夺取地下水潜水蒸发蒸腾量主要位于地下水埋深小于 2m 的范围，考虑生态需水的要求和近海浅埋深水质的特点，开采地下水夺取总蒸发量的比例设计为 30%。对于泉州市沿海地区来说，排泄边界的流出量就是入海量，开采地下水水夺取向海排泄量的比例为 80%。

4.2 地下水资源数量评价

泉州市沿海地区的地下水补给主要有大气降水补给、晋江补给和侧向径流补给。该研究区北部和西部基岩裸露且大气降水是此处基岩裂隙水的唯一补给源，松散孔隙水主要受到大气降水、河流补给和基岩裂隙水的侧向径流补给，但松散孔隙水均分布在研究区内，与区外无侧向径流联系，所以仅把大气降水和河流补给量作为泉州地下水补给的来源。结合泉州境内的地质和水文地质条件，地下水天然资源量的计算采用大气降水渗入系数补给法和河流补给量计算公式评价其地下水的天然补给量。对研究区，先以不同水质（矿化度小于 1g/L 和大于 1g/L）的地下水子系统进行评价，再根据行政区进行评价。

4.2.1 评价参数的选取

1. 大气降雨入渗补给

降雨入渗补给系数是根据福建省闽东南地质大队《福建省南安市东南部地区地下水资源调查评价报告》（2006 年）、《晋江市地下水资源调查评价报告》（2004 年）、《惠安市地下水资源调查评价报告》（2003 年）确定的含水层入渗系数以及根据参考相邻县市含水岩组入渗补给系数及调查区的实际情况对泉州各地的降水入渗系数进行选取。

2. 河流入渗补给

区域主要河流为晋江水系。其他细小支流因无测站，径流量较小而且支流上游一般建有水库，因此在松散岩类区入渗补给量较小，本次评价不予考虑。晋江与地下水的补排关系很复杂。在基岩山区，地下水向晋江补给，而在平原区，一般而言是晋江补给地下水。对于松散介质区域，晋江入渗补给水量可按达西定律计算，见表 4.2，入渗补给量为 357.41 万 m^3/a。

表 4.2 晋江补给地下水量计算表

河流	计 算 参 数					补给量 /(万 m³/a)
	平均 K/(m/d)	含水层厚度/m	河宽度/m	河段长度/m	河水位与地下水头差/m	
晋江	0.01	5	8	153000	4	357.41

3. 地下水入海量计算

地下水向海的排泄量由达西定律计算。临海含水层渗透系数、含水层厚度是根据《泉州厦门幅的区域水文地质普查报告》(1979 年) 选取经验数据,对于整个研究区,临海区介质平均渗透系数为 10m/d,平均含水层厚度为 5m。海岸线长度是利用 ARCGIS 软件在数字地形图上计算得到。地下水向海排泄量引用的地下水运动的水力坡度是根据 2008 年 4 月统测的地下水位数据生成地下水等值线图来估算地下水力坡度,由于山区地形变化陡,地下水水力坡度大,统测水位点如果太少不能反映其局部的水头变化,而且由实际调查发现,很多山区接受大气降水入渗补给后,在一定时期后山下会有泉水出露,如南安市后茂村清源山下的小池塘。

为方便估计地下水的水力坡度,选择泉州-晋江平原作为核算区,绘制的潜水位等值线如图 4.2 所示,选取了 A、B、C、D、E 5 个基本垂直于等值线的断面,水头损失均为 10m,而沿程的长度分别为 2.48km、0.88km、2.24km、1.18km 和 0.54km,由此计算的水力坡度分别为 0.0040、0.0114、0.0045、0.0085 和 0.0185,5 个断面的平均水力坡度为 0.0094。对于平原区来说,计算天然情形下地下水向海排泄量时选取的地下水力坡度为 0.01。

4.2.2 地下水子系统地下水资源数量评价

在计算各地下水子系统地下水补给资源量时,降水量是根据多年平均的全市各站的降雨量数据为参考来计算平水年降水量。补给区面积是采用地理信息系统软件 ARCGIS 的空间分析求得松散孔隙水和基岩裂隙水在各地的分布面积。

在天然状态下,地下水的补给量应等于总排泄量。补给量来源于大气降雨入渗、河流入渗和侧向入渗补给;排泄量包括入海量、潜水蒸发蒸腾量和泉排泄量。地下水入海量可根据前人研究报告进行推算,潜水蒸发蒸腾量和泉排泄量不易直接求,采用间接求法,即总的补给量减去入海量。根据上一节提出的思路计算得到地下水可开采资源量。

泉州市沿海地区地下水子系统多年平均地下水补给资源量计算见表 4.3,对于 5 个子系统,即晋江流域地下水子系统、晋江南沿海地下水系统、洛阳江地下水子系统、围头湾地下水子系统和惠安东沿海地下水子系统,松散岩类介质区多年平均地下水补给资源量 (<1g/L) 分别为 7015.34 万 m³、495.33 万 m³、117.60 万 m³、459.06 万 m³ 和 1182.70 万 m³,多年平均基岩裂隙水

图 4.2　2008 年 4 月调查的泉州-晋江平原潜水位等值线

补给资源量分别为 30197.05 万 m³、2196.60 万 m³、0、4629.18 万 m³、6592.20 万 m³。研究区松散岩类孔隙水补给资源量为 9270.03 万 m³（TDS＜1g/L）、7199.53 万 m³（TDS＞1g/L）。松散岩类孔隙水补给模数在 21.00 万～25.30 万 m³/(km² - a) 范围内，基岩裂隙水的补给模数为 10.80 万～13.80 万 m³/(km² - a)。研究区地下水补给资源量约为 6 亿 m³/a。

　　表 4.4 给出了泉州市沿海地区地下水子系统地下水可开采资源量计算（TDS＜1g/L）。晋江流域地下水子系统、晋江南沿海地下水系统、洛阳江地下水子系统、围头湾地下水子系统和惠安东沿海地下水子系统的松散岩类孔隙水可开采资源量分别为 4209.20 万 m³、297.20 万 m³、94.08 万 m³、275.43 万 m³、709.62 万 m³，基岩裂隙水可开采资源量分别为 7912.01 万 m³、1211.56 万 m³、0、2633.53 万 m³、2773.15 万 m³。整个研究区地下水可开采资源量约为 2.1 亿 m³/a。松散岩类孔隙水开采模数在 13.20 万～17.60 万 m³/(km² - a) 范围内，基岩裂隙水的补给模数为 3.42 万～6.21 万 m³/(km² - a)。

表 4.3　泉州市沿海地区地下水子系统多年平均地下水补给资源量计算

地下水子系统	地下水类型	矿化度	面积/km²	降雨入渗补给系数	多年平均降雨量/mm	大气降雨入渗补给量/万 m³	河流入渗补给量/万 m³	入海量/万 m³	地下水补给资源量/万 m³ 松散岩类(矿化) <1g/L	松散岩类 >1g/L	基岩裂隙水	补给模数[万 m³/(km²·a)] 松散岩类(矿化度) <1g/L	松散岩类 >1g/L	基岩裂隙水
晋江流域地下水子系统	松散岩类孔隙水	<1g/L	277.29	0.2	1265	7015.34	—	—	7015.34	—	—	25.30	—	—
	松散岩类孔隙水	>1g/L	90.76	0.2	1050	1905.94	357.41	771.43	—	1905.94	—	—	21.00	—
	基岩裂隙水		2313.95	0.09	1450	30197.05	—	—	—	—	30197.05	—	—	13.05
晋江南沿海地下水子系统	松散岩类孔隙水	<1g/L	21.54	0.2	1150	495.33	—	—	495.33	—	—	23.00	—	—
	松散岩类孔隙水	>1g/L	16.92	0.2	1050	355.32	—	1189.17	—	355.32	—	—	21.00	—
	基岩裂隙水		195.25	0.09	1250	2196.60	—	—	—	—	2196.60	—	—	11.25
洛阳湾汇地下水子系统	松散岩类孔隙水	<1g/L	5.35	0.2	1100	117.60	—	—	117.60	—	—	22.00	—	—
	松散岩类孔隙水	>1g/L	63.18	0.2	1050	1326.70	—	1035.51	—	1326.70	—	—	21.00	—
围头地下水子系统	松散岩类孔隙水	<1g/L	19.96	0.2	1150	459.06	—	—	459.06	—	—	23.00	—	—
	松散岩类孔隙水	>1g/L	108.18	0.2	1050	2271.85	—	1401.87	—	2271.85	—	—	21.00	—
	基岩裂隙水		428.63	0.09	1200	4629.18	—	—	—	—	4629.18	—	—	10.80
惠安东沿海地下水子系统	松散岩类孔隙水	<1g/L	53.76	0.2	1100	1182.70	—	—	1182.70	—	—	22.00	—	—
	松散岩类孔隙水	>1g/L	63.80	0.2	1050	1339.72	—	1496.77	—	1339.72	—	—	21.00	—
	基岩裂隙水		477.70	0.12	1150	6592.20	—	—	—	—	6592.20	—	—	13.80
合计	松散岩类孔隙水	<1g/L	377.90	—	—	9270.03	—	5894.75	9270.03	—	—	24.53	—	—
	松散岩类孔隙水	>1g/L	342.84	—	—	7199.53	—	—	—	7199.53	—	—	21.00	—
	基岩裂隙水		3435.49	—	—	44074.09	—	—	—	—	43615.03	—	—	12.70

表 4.4　泉州市沿海地区地下水子系统地下水可开采资源量计算

地下水子系统	地下水类型	矿化度	面积/km²	入海量/万 m³	地下水补给资源量/万 m³（矿化度）			天然情形下潜水蒸发和泉排泄量/万 m³	可开采资源量/万 m³			开采模数/[万 m³/(km²·年)]	
					松散岩类孔隙水 <1g/L	>1g/L	基岩		松散岩类（矿化度）(<1g/L)	基岩裂隙	合计	松散岩类（矿化度）	基岩裂隙
晋江流域地下水子系统	松散岩类孔隙水	<1g/L	277.29		7015.34	1905.94	30197.05	38346.89	4209.20	7912.01	12121.21	15.18	3.42
		>1g/L	90.76	771.43									
	基岩裂隙水	<1g/L	2313.95										
晋江南沿海地下水子系统	松散岩类孔隙水	<1g/L	21.54		495.33	355.32	2196.60	1858.09	297.20	1211.56	1508.76	13.80	6.21
		>1g/L	16.92	1189.17									
	基岩裂隙水	<1g/L	195.25										
洛阳江地下水子系统	松散岩类孔隙水	<1g/L	5.35	1035.51	117.60	1326.70	—	408.79	94.08	—	951.04	17.60	—
		>1g/L	63.18										
围头湾地下水子系统	松散岩类孔隙水	<1g/L	19.96		459.06	2271.85	4629.18	5958.21	275.43	2633.53	2908.96	13.80	6.14
		>1g/L	108.18	1401.87									
	基岩裂隙水	<1g/L	428.63										
惠安东沿海地下水子系统	松散岩类孔隙水	<1g/L	53.76		1182.70	1339.72	6592.20	7617.85	709.62	2773.15	3482.77	13.20	5.81
		>1g/L	63.80	1496.77									
	基岩裂隙水	<1g/L	477.70										
合计	松散岩类孔隙水	<1g/L	377.90		9270.03	7199.53	43615.03	54189.83	5585.53	14530.25	20972.74	14.78	4.23
		>1g/L	342.84	5894.75									
	基岩裂隙水	<1g/L	3435.49										

4.2.3　乡镇行政区地下水资源评价

　　按照各地下水子系统补给资源量和开采资源量，计算出各区地下水的补给和开采模数，再分配至每个行政区，可计算出各行政区的补给资源量和可开采资源量。利用 ARCGIS 空间分析功能计算结果见表 4.5。泉州市区、晋江市、南安市、石狮市和惠安县的松散岩类介质区多年平均地下水补给资源量（<1g/L）分别为 2279.19 万 m³、2362.46 万 m³、5962.61 万 m³、252.45 万 m³ 和 1829.39 万 m³，多年平均基岩裂隙水补给资源量分别为 8918.76 万 m³、4771.12 万 m³、21619.40 万 m³、1429.32 万 m³ 和 6875.80 万 m³。南安市地下水补给资源量最大，为 27754.27 万 m³，石狮市地下水补给资源量最小，为 2116.49 万 m³。泉州市区、晋江市、南安市、石狮市和惠安县的松散岩类孔隙水可开采资源量分别为 1475.88 万 m³、1417.48 万 m³、3578.72 万 m³、151.47 万 m³ 和 1266.09 万 m³，基岩裂隙水可开采资源量分别为 2799.51 万 m³、2368.94 万 m³、6506.03 万 m³、471.22 万 m³ 和 2387.47 万 m³。评价区多年平均地下水补给资源量为 60319.03 万 m³，可开采资源量为 22422.80 万 m³。

表 4.5　泉州市沿海地区多年平均地下水资源量计算（按行政分区）

市区	乡镇区单元	面积/km²	地下水补给资源量/万 m³				可开采资源量/万 m³	
			松散岩类（矿化度）		基岩	合计	松散岩类孔隙水	基岩裂隙水
			<1g/L	>1g/L				
泉州市区	丰泽区	108.87	742.56	0.00	1027.17	1769.73	473.00	269.19
	峰尾镇	6.01	0.00	37.58	58.23	95.81	0.00	24.52
	河市镇	88.70	233.66	0.00	1018.99	1252.65	186.93	267.05
	虹山乡	19.53	0.00	0.00	254.86	254.86	0.00	66.79
	后龙镇	15.92	17.59	49.68	175.98	243.24	10.55	74.09
	界山镇	35.66	48.54	88.66	403.44	540.64	29.12	169.85
	鲤城区	44.69	538.96	0.00	305.26	844.22	323.38	80.00
	罗溪镇	111.63	176.76	0.00	1365.56	1542.33	106.06	357.87
	马甲镇	117.85	106.56	0.00	1474.78	1581.34	85.24	386.49
	南埔镇	29.24	35.60	0.62	380.80	417.02	21.36	160.32
	前黄镇	33.70	115.10	146.71	296.38	558.20	69.06	124.78
	山腰镇	13.60	0.01	231.20	35.74	266.95	0.01	15.05
	双阳镇	27.01	64.30	0.00	314.34	378.64	51.44	82.38
	涂岭镇	143.00	199.54	40.44	1807.23	2047.21	119.73	721.13
	合　计	795.42	2279.19	594.91	8918.76	11792.85	1475.88	2799.51

续表

市区	乡镇区单元	面积/km²	地下水补给资源量/万 m³				可开采资源量/万 m³	
			松散岩类（矿化度）		基岩	合计	松散岩类孔隙水	基岩裂隙水
			<1g/L	>1g/L				
晋江市	安海镇	65.25	510.06	0	465.22	975.28	306.04	264.49
	陈埭镇	43.75	7.03	886.70	16.32	910.05	4.22	4.30
	池店镇	29.44	163.32	192.98	180.04	536.34	97.99	47.18
	磁灶镇	64.82	285.40	6.98	588.70	881.08	171.24	289.67
	东石镇	66.16	187.00	302.34	475.21	964.55	112.20	268.51
	金井镇	52.85	0	189.92	492.82	682.74	0	272.03
	龙湖镇	50.33	175.23	38.90	459.69	673.82	105.14	253.75
	罗山镇	54.98	556.86	239.00	266.07	1061.93	334.12	89.25
	内坑镇	45.50	154.98	0	418.58	573.56	92.99	237.97
	青阳镇	26.44	88.81	110.88	230.29	429.99	53.29	60.44
	深沪镇	21.11	0	0	237.53	237.53	0	131.12
	西滨镇	1.76	0	37.03	0	37.03	0	0
	英林镇	29.39	128.88	152.76	185.78	467.42	77.33	102.55
	永和镇	47.85	51.41	12.87	514.29	578.56	30.85	266.44
	紫帽镇	21.54	53.47	0	240.59	294.06	32.08	81.24
	合　计	621.18	2362.46	2170.36	4771.12	9303.94	1417.48	2368.94
南安市	东田镇	170.57	52.07	7.84	2193.73	2253.64	31.24	575.62
	丰州镇	46.59	302.76	0	451.87	754.63	181.66	118.42
	官桥镇	125.44	378.82	0.15	1216.03	1595.00	227.29	621.76
	洪濑镇	93.60	411.65	0	1008.66	1420.31	248.14	264.34
	洪梅镇	49.25	279.70	0	498.47	778.17	167.82	130.63
	金淘镇	105.75	253.94	0	1249.07	1503.00	152.36	327.34
	九都镇	86.18	12.48	0	1118.25	1130.73	7.49	293.06
	康美镇	62.56	338.84	0	641.67	980.51	203.30	168.16
	乐峰镇	55.14	84.30	0	676.14	760.44	50.58	177.19
	莲华镇	42.21	0	0.05	550.83	550.88	0	144.36
	柳城街道	74.60	160.69	0	875.84	1036.53	96.42	251.34
	仑苍镇	47.37	81.03	0.94	575.74	657.71	48.62	150.88
	罗东镇	72.83	344.44	0	772.83	1117.27	206.66	202.53
	码头镇	107.90	186.73	0	1311.84	1498.57	112.04	343.79
	眉山乡	45.03	3.89	0	585.68	589.58	2.34	153.49
	梅山镇	59.04	355.07	0	587.36	942.43	213.04	153.93
	美林街道	44.06	375.60	0.71	380.75	757.05	225.36	99.78
	省新镇	58.85	226.41	0	651.20	877.61	135.85	170.66

续表

市区	乡镇区单元	面积/km²	地下水补给资源量/万 m³				可开采资源量/万 m³	
			松散岩类（矿化度）		基岩	合计	松散岩类孔隙水	基岩裂隙水
			<1g/L	>1g/L				
南安市	诗山镇	86.93	384.56	0	936.04	1320.60	230.73	245.31
	石井镇	88.61	316.97	149.88	731.05	1197.90	190.18	415.61
	水头镇	115.67	634.05	6.07	948.38	1588.49	380.43	539.17
	溪美街道	54.67	352.84	0.19	531.31	884.34	211.70	139.24
	霞美镇	47.95	181.79	0.34	531.81	713.93	109.07	139.37
	翔云镇	66.69	0	4.85	867.26	872.11	0	227.28
	向阳乡	64.80	2.90	0	844.17	847.07	1.74	221.23
	英都镇	77.28	241.08	1.23	883.43	1125.75	144.65	231.52
	合　计	1949.59	5962.61	172.25	21619.40	27754.27	3578.72	6506.03
石狮市	宝盖镇	26.49	0	207.26	208.36	415.62	0	70.06
	蚶江镇	31.08	84.96	90.70	305.38	481.04	50.97	80.03
	鸿山镇	11.90	0	21.34	142.08	163.43	0	37.24
	锦尚镇	9.07	0.03	0	117.09	117.12	0.02	32.89
	灵秀镇	13.38	15.40	22.35	144.68	182.44	9.24	51.74
	石狮市区	8.40	11.61	70.83	59.38	141.82	6.97	16.04
	祥芝镇	17.33	87.32	3.58	178.86	269.75	52.39	46.87
	永宁镇	26.89	53.13	18.66	273.48	345.27	31.88	136.35
	合　计	144.54	252.45	434.72	1429.32	2116.49	151.47	471.22
惠安县	百崎乡	8.18	19.47	0.01	95.24	114.72	15.58	24.96
	崇武镇	17.11	102.34	38.07	146.97	287.38	61.41	61.88
	净峰镇	30.29	129.34	16.40	326.07	471.81	77.60	137.28
	东桥镇	37.88	154.88	161.07	319.72	635.67	92.93	134.61
	东园镇	33.60	61.48	0	402.02	463.51	49.19	105.36
	黄塘镇	63.06	181.42	0	715.27	896.69	145.14	187.46
	东岭镇	25.27	33.91	0	327.46	361.37	20.35	137.86
	螺城镇	27.20	81.73	0	322.95	404.69	49.04	132.79
	螺阳镇	45.82	136.83	0	539.94	676.77	82.10	209.04
	洛阳镇	44.05	179.29	0	468.51	647.80	143.43	122.78
	山霞镇	30.80	116.98	0.06	349.71	466.74	76.19	141.78
	涂寨镇	45.68	38.59	0	606.20	644.78	23.15	255.22
	辋川镇	58.19	155.08	318.44	496.44	969.96	93.05	209.01
	小岞镇	6.09	46.37	0	54.93	101.30	27.82	23.13
	张坂镇	63.74	169.21	112.25	675.47	956.93	132.55	217.50
	紫山镇	88.50	222.47	0	1028.90	1251.37	176.57	286.82
	合　计	625.47	1829.39	646.29	6875.80	9351.48	1266.09	2387.47
研究区合计		4109.31	12632.96	3999.88	43340.92	59973.76	7857.75	14396.82

注　计算面积中不包括河流、岛屿所占的面积。

4.2.4 结果比较分析

泉州市地下水资源评价结果比较见表 4.6。福建省国土资源厅在 2002 年曾对福建省地下水资源进行了评价，其评价区域是以县市为单位的小于 1g/L 的地下水天然补给资源，泉州市区、晋江市、南安市、石狮市、惠安县地下水补给资源量分别为 6710.16 万 m^3/a、5698.73 万 m^3/a、38301.95 万 m^3/a、1804.65 万 m^3/a、9027.38 万 m^3/a，总补给资源量为 61542.87 万 m^3/a，但其评价的松散岩类孔隙水可开采资源超过了补给资源，地下水资源补给资源量总量与本次评价结果基本接近，总的可开采资源量也基本接近，约为 2.2 亿～2.4 亿 m^3/a。闽东南地质大队（2006 年）完成的地下水资源量是以补给量为基础计算的，虽然以乡镇为评价单元进行了评价，但未具体区分松散岩类孔隙水和基岩山区裂隙—孔隙水的类型，其计算的地下水补给资源量与福建省国土资源厅、本次评价的结果基本接近，但可开采资源量明显偏大，如晋江市地下水补给资源量为 7376.90 万^3/a，而晋江可开采资源量为 6250.90 万^3/a，占补给资源量的 85％，而在地下水开发利用程度较高的地区地下水开采资源占总补给资源在 60％～80％，因此计算结果偏大。本次是基于 GIS，以子流域地下水系统为基础进行评价的，其结果可信。

表 4.6　　　　　　　　　**泉州市地下水资源评价结果比较**

成果来源	行政区	地下水补给资源量/万 m^3			可开采资源量/万 m^3		
		松散岩类	山区	合计	松散岩类孔隙水	基岩裂隙水	合计
本次研究（2008 年）	泉州市区	2874.10	8918.76	11792.85	1475.88	2799.51	4275.39
	晋江市	4532.82	4771.12	9303.94	1417.48	2368.94	3786.42
	南安市	6134.86	21619.40	27754.27	3578.72	6506.03	10084.75
	石狮市	687.17	1429.32	2116.49	151.47	471.22	622.69
	惠安县	2475.68	6875.80	9351.48	1266.09	2387.47	3653.56
	合　计	16632.84	43340.92	59973.76	7857.75	14396.82	22254.57
福建省国土资源厅（2002 年）	泉州市区	500.19	5672.8	6172.99	1814.64	1724.82	3539.46
	晋江市	1203.75	2152.82	3356.57	1999.25	1387.95	3387.20
	南安市	2216.18	34994.71	37210.89	3057.89	9558.68	12616.57
	石狮市	170.71	795.01	965.72	173.45	503.68	677.13
	惠安县	1014.37	5125.58	6139.95	1518.80	2033.98	3552.78
	合　计	5105.20	48740.92	53846.12	8564.03	15209.11	23773.14
福建省闽东南地质大队（2006 年）	晋江市			7376.90			6250.90
	南安市东部平原			12198.40			6478.20
	惠安县			8865.63			5188.90
	合　计			28440.93			17918.00

4.3 地下水环境质量综合评价

4.3.1 评价指标

根据泉州市代表性水点地下水质量评价资料，结合《地下水质量标准》（GB/T 14848—93），对泉州市地下水水质评价选取 pH 值、总硬度、溶解性总固体、硫酸根离子、氯离子、铁、锰、铜、锌、硝酸根离子、亚硝酸根离子、氨氮、氟化物、汞、六价铬离子、铅共 16 个评价指标。

4.3.2 评价方法

以单项组分评价为基础，运用综合评价的方法对泉州市地下水的水质进行评价。按《地下水环境质量标准》（GB/T 14848—93）所列分类指标，划分为五类，不同类别标准值相同时，以劣不从优。具体步骤如下所述：

（1）进行各单项组分评价，划分组分所属质量类别，对各类别按表 4.7 分别确定单项组分评价分值 F_i。

表 4.7 　　　　　　　　　地 下 水 质 量 评 分 表

类别	I	II	III	IV	V
F_i	0	1	3	6	10

（2）运用内梅罗指数法计算综合评分值 F。内梅罗指数法是评价地下水环境质量的综合方法，数学运算过程简捷、方便、物理概念清晰，只要计算一个评价区的综合指数，再对照相应的分级标准，便可知道该评价区某环境要素的综合环境质量状况，便于决策者作出综合决策。计算公式为

$$F = \sqrt{(F_{\max}^2 + \overline{F}^2)/2} \qquad (4.11)$$

$$\overline{F} = \frac{1}{n} \sum_{i=1}^{n} F_i \qquad (4.12)$$

式中：$\overline{F}$ 为单项组分评分值 F_i 的平均值；$F_{\max}$ 为各单项组分评价分值 F_i 中的最大值；n 为项数。

（3）根据 F 值按表 4.8 规定划分地下水质量级别。

表 4.8 　　　　　　　综合评价分值法的划分办法对水质的分类

级别	优良	良好	较好	较差	极差
F	<0.80	0.80~2.50	2.50~4.25	4.25~7.20	>7.20

《地下水质量标准》（GB 14848—93）确定的地下水质量分类指标见表 4.9。

表 4.9 地下水质量分类指标

序号	项目	I 类	II 类	III 类	IV 类	V 类
1	pH 值		6.5～8.5		5.5～6.5, 8.5～9	<5.5, >9
2	总硬度（以 $CaCO_3$ 计）/(mg/L)	≤150	≤300	≤450	≤550	>550
3	溶解性总固体/(mg/L)	≤300	≤500	≤1000	≤2000	>2000
4	硫酸盐/(mg/L)	≤50	≤150	≤250	≤350	>350
5	氯化物/(mg/L)	≤50	≤150	≤250	≤350	>350
6	铁/(mg/L)	≤0.1	≤0.2	≤0.3	≤1.5	>1.5
7	锰/(mg/L)	≤0.05	≤0.05	≤0.1	≤1.0	>1.0
8	铜/(mg/L)	≤0.01	≤0.05	≤1.0	≤1.5	>1.5
9	锌/(mg/L)	≤0.05	≤0.5	≤1.0	≤5.0	>5.0
10	硝酸盐（NO_3^-）/(mg/L)	≤8.86	≤22.14	≤88.5	≤132.86	>132.86
11	亚硝酸盐（NO_2^-）/(mg/L)	≤0.0033	≤0.0328	≤0.0657	≤0.328	>0.328
12	氨氮（NH_4^+）/(mg/L)	≤0.02	≤0.02	≤0.2	≤0.5	>0.5
13	氟化物/(mg/L)	≤1.0	≤1.0	≤1.0	≤2.0	>2.0
14	汞/(mg/L)	≤0.00005	≤0.0005	≤0.001	≤0.001	>0.001
15	铬（六价）/(mg/L)	≤0.005	≤0.01	≤0.05	≤0.1	>0.1
16	铅/(mg/L)	≤0.005	≤0.01	≤0.05	≤0.1	>0.1

4.3.3 地下水质采样

按照《水质采样 样品的保存和管理技术规定》(GB/T 12999—91) 进行了水质采样，研究区共取到 50 组样（2008 年 6 月 26 组，2008 年 12 月 24 组），结合泉州市水利局前期的工作基础（2003—2005 年），共整理有地下水质样 183 组，所有水样点分布如图 4.3 所示。

4.3.4 地下水化学成分分析

整理各县市测试地下水质的化学类型，利用 Piper 三线图进行分类，可得南安市地下水化学 Piper 三线图如图 4.4 所示，其化学类型基本以 HCO_3 - Cl - Ca - K + Na 型，Cl - HCO_3 - K + Na - Ca 型或 Cl - NO_3 - K + Na - Ca 为主。

晋江市地下水化学 Piper 三线图如图 4.5 所示，其化学类型基本以 HCO_3 - Cl - Ca - K + Na 型，Cl - HCO_3 - K + Na - Ca 型为主。

惠安县地下水化学 Piper 三线图如图 4.6 所示，其化学类型基本以 HCO_3 - Cl - Ca - K + Na、Cl - HCO_3 - K + Na - Ca、Cl - K + Na - Ca 和 Cl - K + Na 型为主。

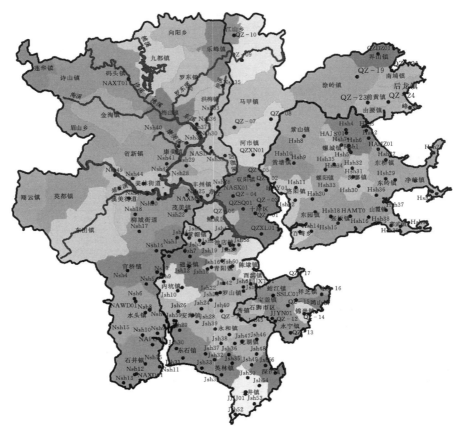

图 4.3　研究区地下水质采样点分布

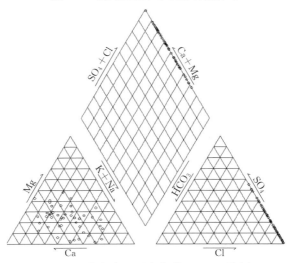

图 4.4　南安市地下水化学 Piper 三线图

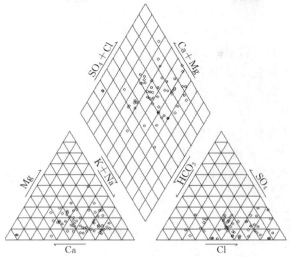

图 4.5　晋江市地下水化学 Piper 三线图

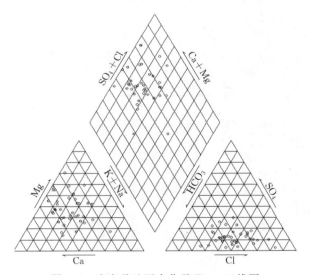

图 4.6　惠安县地下水化学 Piper 三线图

4.3.5　地下水环境质量评价

1. 岩石中元素分布特点

地下水在运动过程中，与周围的岩石相互作用，因此地下水的化学成分与岩石中元素的分布密切相关。岩石中元素的丰度是影响地下水化学成分的重要因素。根据前人对福建省出露的各类岩石化学成分及光谱定量分析资料（1000多个样），福建省岩石中分析的 14 项微量元素含量高于地壳丰度值的有氟、铅、锌、钼、钒等，而铜、铬、镍、钴等低于地壳丰度值，见表4.10。在化学成分方面与地壳丰度值相比，花岗岩区钾、钠高，而镁、铁低；沉积岩、火山岩和变质岩钾钠也高，钙铁则低，但其中灰岩含钙、镁较高。岩浆岩以花岗岩、火山凝灰岩为主，以中酸性、酸性为主，SiO_2 含量较高，侵入岩含量 $38.08\% \sim 77.52\%$，火山岩含量为 $32.28\% \sim 76.01\%$。另外，酸性岩浆岩中锂、锶、硼含量较高。花岗岩中锂平均含量为 38×10^{-6}（地壳丰度值为 25×10^{-6}），富集锂的主要矿物为黑云母。锶地壳的丰度值为 375×10^{-6}，在自然界中广泛分布，易携同富钙、钾矿物中以及被黏土所吸附。锰地壳中的丰度值为 950×10^{-6}，因容易替代 Fe^{2+}、Mg^{2+}、Zn^{2+}、Ca^{2+} 而分布较广。

表 4.10　　　　　　　　福建省 14 项微量元素的丰度值（10^{-6}）

微量元素＼岩石类别	沉积岩和变质岩地层	中生代火山岩	花岗岩	变质岩	各类岩石平均	地壳丰度值
氟 F	414.00	624.00	990.00	603.00	658.00	625.00
铅 Pb	29.60	31.60	34.92	29.15	34.57	12.00
锌 Zn	67.31	73.70	62.71	84.27	78.43	70.00
铜 Cu	29.53	14.40	11.14	38.29	39.91	50.00
锡 Sn	5.44	3.80		6.35		2.00
钼 Mo	0.97	2.40	2.40	0.98	1.76	1.50
铬 Cr	55.07	4.70	10.50	67.49	50.14	100.00
镍 Ni	24.54	4.90	3.26	32.97	23.04	75.00
钒 V	70.81	18.00	24.03	78.32	73.56	35.00
钴 Co	10.54	2.40	3.88	15.20	10.74	25.00
铍 Be	2.79	3.60	3.45	2.98	3.32	28.00
铌 Nb	15.94	14.40	23.00	20.59	23.22	20.00
钙 Ca	47.88	49.10	36.19	55.25	49.60	30.00
钇 Y	31.02	33.10	25.38	33.01	31.45	33.00

注 据福建省环境水文地质监测研究中心《福建省县（市）环境水文地质调查报告》，1991年。

2. 各行政区地下水质量综合评价

惠安县、晋江市、南安市、泉州市和石狮市地下水质量综合评价分别见表4.11～表4.15。综合各评价单元的地下水环境质量如图4.7所示。从图中可以看出，大部分行政区地下水质处于较差水平。根据地下水质检测的结果，可绘制的 TDS 和 NO_3^- 浓度分布图。从表4.12中统计得出，南安市地下水为较差级别的占68.25%，良好水质的占20.37%，主要问题为 pH 值偏低，即地下水偏酸性，大部分水样三氮含量（NO_3^-、NO_2^-、NH_4^+）较高，如 NSH41 点 NO_3^- 浓度达 140mg/L，这很可能是生产生活垃圾渗漏地下水引起。

表 4.11　惠安县地下水质量综合评价表

乡镇区	样品号	pH值	总硬度	TDS	SO₄²⁻	Cl⁻	Fe	Mn	Cu	Zn	NO₃⁻	NO₂⁻	NH₄⁺	F⁻	Hg	Cr⁶⁺	Pb	综合分	质量级别
百崎乡	Hsh13	Ⅱ	Ⅲ	Ⅱ	Ⅰ	Ⅱ	Ⅰ	Ⅰ	Ⅰ	Ⅰ	Ⅴ	Ⅱ	Ⅰ	Ⅰ	Ⅰ	Ⅰ	Ⅰ	7.11	较差
	Hsh14	Ⅱ	Ⅳ	Ⅲ	Ⅱ	Ⅳ	Ⅰ	Ⅰ	Ⅰ	Ⅱ	Ⅳ	Ⅱ	Ⅰ	Ⅰ	Ⅰ	Ⅰ	Ⅰ	4.38	较差
崇武镇	Hsh38	Ⅱ	Ⅲ	Ⅱ	Ⅱ	Ⅱ	Ⅰ	Ⅰ	Ⅰ	Ⅰ	Ⅴ	Ⅲ	Ⅱ	Ⅰ	Ⅰ	Ⅰ	Ⅰ	7.13	较差
	Hsh39	Ⅱ	Ⅱ	Ⅱ	Ⅰ	Ⅰ	Ⅰ	Ⅰ	Ⅰ	Ⅰ	Ⅴ	Ⅳ	Ⅱ	Ⅰ	Ⅰ	Ⅰ	Ⅰ	7.11	较差
	Hsh40	Ⅱ	Ⅲ	Ⅲ	Ⅰ	Ⅱ	Ⅰ	Ⅰ	Ⅰ	Ⅰ	Ⅴ	Ⅲ	Ⅱ	Ⅰ	Ⅰ	Ⅰ	Ⅰ	7.16	较差
	Hsh28	Ⅰ	Ⅱ	Ⅰ	Ⅰ	Ⅰ	Ⅰ	Ⅰ	Ⅰ	Ⅰ	Ⅴ	Ⅲ	Ⅰ	Ⅰ	Ⅰ	Ⅰ	Ⅰ	7.10	较差
东岭镇	Hsh29	Ⅰ	Ⅱ	Ⅲ	Ⅲ	Ⅱ	Ⅰ	Ⅰ	Ⅰ	Ⅰ	Ⅴ	Ⅰ	Ⅰ	Ⅰ	Ⅰ	Ⅰ	Ⅰ	7.09	较差
	HAHZ01	Ⅰ	Ⅰ	Ⅲ	Ⅲ	Ⅰ	Ⅰ	Ⅰ	Ⅰ	Ⅰ	Ⅲ	Ⅰ	Ⅲ	Ⅰ	Ⅰ	Ⅰ	Ⅰ	2.15	良好
	Hsh27	Ⅰ	Ⅲ	Ⅲ	Ⅰ	Ⅰ	Ⅰ	Ⅰ	Ⅰ	Ⅰ	Ⅴ	Ⅰ	Ⅰ	Ⅰ	Ⅰ	Ⅰ	Ⅰ	7.12	较差
东园镇	Hsh19	Ⅰ	Ⅰ	Ⅰ	Ⅰ	Ⅰ	Ⅰ	Ⅴ	Ⅰ	Ⅰ	Ⅳ	Ⅲ	Ⅰ	Ⅰ	Ⅰ	Ⅰ	Ⅰ	4.25	较差
	Hsh20	Ⅰ	Ⅰ	Ⅰ	Ⅰ	Ⅰ	Ⅰ	Ⅰ	Ⅰ	Ⅰ	Ⅴ	Ⅲ	Ⅴ	Ⅰ	Ⅰ	Ⅰ	Ⅰ	7.09	较差
黄塘镇	Hsh10	Ⅱ	Ⅱ	Ⅲ	Ⅱ	Ⅱ	Ⅰ	Ⅰ	Ⅰ	Ⅰ	Ⅰ	Ⅲ	Ⅴ	Ⅰ	Ⅰ	Ⅰ	Ⅰ	7.15	较差
	Hsh9	Ⅱ	Ⅰ	Ⅰ	Ⅰ	Ⅰ	Ⅰ	Ⅰ	Ⅰ	Ⅰ	Ⅴ	Ⅲ	Ⅰ	Ⅰ	Ⅰ	Ⅰ	Ⅰ	7.10	较差
净峰镇	HAJF01	Ⅱ	Ⅰ	Ⅳ	Ⅲ	Ⅰ	Ⅰ	Ⅰ	Ⅰ	Ⅰ	Ⅴ	Ⅰ	Ⅲ	Ⅰ	Ⅰ	Ⅰ	Ⅰ	7.13	较差
	Hsh25	Ⅱ	Ⅲ	Ⅲ	Ⅲ	Ⅲ	Ⅰ	Ⅰ	Ⅰ	Ⅰ	Ⅴ	Ⅰ	Ⅲ	Ⅰ	Ⅰ	Ⅰ	Ⅰ	7.13	较差
螺城镇	Hsh7	Ⅰ	Ⅰ	Ⅰ	Ⅰ	Ⅰ	Ⅰ	Ⅰ	Ⅰ	Ⅴ	Ⅳ	Ⅰ	Ⅰ	Ⅰ	Ⅰ	Ⅰ	Ⅰ	7.12	较差
螺阳镇	Hsh33	Ⅰ	Ⅰ	Ⅲ	Ⅰ	Ⅱ	Ⅰ	Ⅰ	Ⅰ	Ⅰ	Ⅴ	Ⅲ	Ⅰ	Ⅰ	Ⅰ	Ⅰ	Ⅰ	7.09	较差
	Hsh34	Ⅱ	Ⅱ	Ⅰ	Ⅰ	Ⅰ	Ⅰ	Ⅰ	Ⅰ	Ⅰ	Ⅴ	Ⅰ	Ⅰ	Ⅰ	Ⅰ	Ⅰ	Ⅰ	7.10	较差
	Hsh35	Ⅰ	Ⅰ	Ⅰ	Ⅰ	Ⅰ	Ⅰ	Ⅰ	Ⅰ	Ⅰ	Ⅴ	Ⅲ	Ⅲ	Ⅰ	Ⅰ	Ⅰ	Ⅰ	7.09	较差
洛阳镇	HALY01	Ⅱ	Ⅱ	Ⅰ	Ⅰ	Ⅰ	Ⅰ	Ⅰ	Ⅰ	Ⅰ	Ⅲ	Ⅲ	Ⅰ	Ⅰ	Ⅰ	Ⅰ	Ⅰ	2.21	良好
	Hsh11	Ⅱ	Ⅰ	Ⅰ	Ⅰ	Ⅰ	Ⅰ	Ⅰ	Ⅰ	Ⅰ	Ⅲ	Ⅲ	Ⅰ	Ⅰ	Ⅰ	Ⅰ	Ⅰ	2.13	良好
	Hsh12	Ⅰ	Ⅰ	Ⅰ	Ⅰ	Ⅱ	Ⅰ	Ⅰ	Ⅰ	Ⅰ	Ⅳ	Ⅲ	Ⅰ	Ⅰ	Ⅰ	Ⅰ	Ⅰ	4.26	较差

续表

乡镇区	样品号	pH值	总硬度	TDS	SO₄²⁻	Cl⁻	Fe	Mn	Cu	Zn	NO₃⁻	NO₂⁻	NH₄⁺	F⁻	Hg	Cr⁶⁺	Pb	综合分	质量级别
山霞镇	Hsh16	II	II	I	I	II	I	I	I	I	V	III		I	I	I	I	7.11	较差
	Hsh37	II	II	II	I	III	I	I	I	I	III	III		I	I	I	I	2.15	良好
涂寨镇	Hsh30	II	III	III	I	III	I	I	I	I	II	II	III	I	I	I	I	2.20	良好
	Hsh31	II	I	III	I	I	I	I	I	I	IV	III	I	I	I	I	I	4.26	较差
	Hsh32	I	I	I	I	II	I	I	I	I	III	II	I	I	I	I	I	2.13	良好
	Hsh36	II	II	III	I	II	I	I	I	I	V	II	I	I	I	I	I	7.10	较差
	HAJS01	I	I	III	I	V	I	I	I	I	III	III	III	I	I	I	I	7.12	较差
辋川镇	Hsh1	II	II	II	I	II	I	I	I	I	V	II	I	I	I	I	I	7.10	较差
	Hsh2	I	I	I	II	II	I	I	I	I	V	III	I	I	I	I	I	7.09	较差
	Hsh3	I	III	II	I	II	I	I	I	I	IV	II	I	I	I	I	I	4.25	较差
	Hsh4	I	II	II	II	II	I	I	I	I	V	IV	IV	I	I	I	I	7.20	较差
	Hsh5	II	I	I	I	IV	I	I	I	I	V	V	IV	I	I	I	II	7.21	较差
	Hsh6	II	III	II	II	II	I	I	I	I	IV	IV	I	I	I	I	I	7.20	较差
小岞镇	Hsh21	II	III	III	I	III	I	I	I	I	V	II	III	I	I	I	I	7.13	较差
	Hsh22	II	IV	II	II	I	I	I	I	IV	V	II	I	I	I	I	I	7.23	较差
	Hsh23	II	II	II	I	III	I	I	I	I	V	II	III	I	I	I	I	7.12	较差
张坂镇	HAMT0	II	I	II	I	I	I	I	I	I	III	II	III	I	I	I	I	2.15	良好
	Hsh15	II	II	II	I	III	I	I	I	I	V	III	I	I	I	I	I	7.10	较差
	Hsh17	II	II	I	I	I	I	I	I	III	IV	III	I	I	I	I	I	4.32	较差
	Hsh18	II	I	I	I	I	I	III	I	I	IV	II	I	I	I	I	I	4.26	较差
紫山镇	Hsh8	I	I	I	I	I	I	III	I	I	IV	IV	I	I	I	I	I	4.29	较差

表4.12 晋江市地下水质量综合评价表

乡镇区	样品号	pH值	总硬度	TDS	SO_4^{2-}	Cl^-	Fe	Mn	Cu	Zn	NO_3^-	NO_2^-	NH_4^+	F^-	Hg	Cr^{6+}	Pb	综合分	质量级别
安海镇	Jsh24	I	II	III	I	III	I	I	I	I	III	II	I	I	I	I	I	2.18	良好
	Jsh25	I	I	I	I	I	I	I	I	I	I	I	I	I	I	I	I	0.71	优良
	Jsh26	I	II	II	I	II	I	I	I	II	II	II	II	I	I	I	I	2.14	良好
	Jsh27	I	I	II	I	II	I	I	I	II	II	II	I	I	I	I	I	0.74	优良
	Jsh28	I	II	II	II	II	I	IV	I	I	III	II	I	I	I	I	I	4.28	较差
	Jsh59	V	IV	IV	IV	V	I	I	I	I	V	II	I	I	I	I	I	7.40	极差
池店镇	JJCD01	I	II	III	II	III	I	I	I	I	III	II	III	I	I	I	I	2.21	良好
	Jsh1	IV	II	II	I	II	I	I	I	I	III	II	I	I	I	I	I	4.28	较差
	Jsh17	II	III	III	III	III	I	I	I	I	III	II	I	I	I	I	I	2.20	良好
	Jsh18	IV	III	I	I	II	I	I	I	I	III	II	I	I	I	I	I	4.27	较差
	Jsh19	IV	III	II	I	I	I	I	I	I	II	II	I	I	I	I	I	4.26	较差
	Jsh20	I	I	III	I	III	I	I	I	I	III	II	I	I	I	I	I	0.71	优良
	Jsh57	I	I	II	I	II	I	I	I	I	II	V	I	I	I	I	I	2.16	良好
	Jsh58	I	I	I	I	I	I	I	I	I	I	II	I	I	I	I	I	7.11	较差
东石镇	JJSD01	IV	I	IV	I	V	I	I	I	I	III	II	III	I	I	I	I	4.28	较差
	Jsh29	II	IV	II	I	II	I	I	I	I	III	II	I	I	I	I	I	7.19	较差
	Jsh30	II	I	II	I	II	I	I	I	I	II	II	I	I	I	I	I	2.14	良好
	Jsh31	IV	I	II	I	II	I	I	I	I	II	II	I	I	I	I	I	4.27	较差
	Jsh32	I	I	II	I	II	I	I	I	I	II	II	I	I	I	I	I	2.14	良好
	Jsh33	I	I	II	I	III	I	I	I	I	III	II	I	I	I	I	I	2.15	良好
深沪镇	Jsh55	II	II	II	I	III	I	I	I	I	III	V	I	I	I	I	I	7.10	较差
	Jsh56	I	II	II	I	III	I	I	I	I	III	II	I	I	I	I	I	2.14	良好

续表

乡镇区	样品号	pH值	总硬度	TDS	SO₄²⁻	Cl⁻	Fe	Mn	Cu	Zn	NO₃⁻	NO₂⁻	NH₄⁺	F⁻	Hg	Cr⁶⁺	Pb	综合分	质量级别
英林镇	Jsh34	I	II	III	II	III	I	I	I	II	III	II		I	I	I	I	2.20	良好
	Jsh35	I	II	II	II	II	I	I	I	I	III	I		I	I	I	I	2.14	良好
	Jsh36	I	II	II	I	II	I	I	I	II	II	I		I	I	I	I	2.14	良好
	JJJJ01	II	II	III	II	II	I	I	I	I	III	I	III	I	I	I	I	2.20	良好
	Jsh50	I	II	III	I	I	I	I	I	II	II	I	III	I	I	I	I	2.17	良好
金井镇	Jsh51	II	II	I	I	II	I	I	I	II	I	II	II	I	I	I	I	0.73	优良
	Jsh52	II	II	I	I	II	I	I	I	I	I	I	I	I	I	I	I	0.73	优良
	Jsh53	II	II	III	I	II	I	I	I	I	III	I	I	I	I	I	I	2.14	良好
	Jsh54	IV	I	I	I	II	I	I	I	I	II	V	III	I	I	I	I	7.14	较差
	JJSH01	IV	I	II	I	II	I	I	I	I	III	I	III	I	I	I	I	4.28	较差
	Jsh45	I	II	II	II	II	I	I	I	II	I	II	I	I	I	I	I	0.74	优良
龙湖镇	Jsh46	I	II	I	I	I	I	I	I	I	II	I	III	I	I	I	I	2.14	良好
	Jsh47	IV	II	III	I	I	I	I	I	I	II	I	I	I	I	I	I	4.27	较差
	Jsh48	IV	II	III	II	II	I	I	I	I	III	II	III	I	I	I	I	4.28	较差
	Jsh49	II	I	III	II	I	I	I	I	I	II	I	III	I	I	I	I	2.14	良好
	JJLS01	IV	I	II	I	II	I	I	I	I	III	II	III	I	I	I	I	4.30	较差
	JJXT01	II	I	I	II	I	I	I	I	I	III	I	III	I	I	I	I	2.20	良好
罗山镇	Jsh22	I	I	I	I	I	I	I	I	I	II	I	II	I	I	I	I	0.71	优良
	Jsh23	IV	II	III	II	II	I	I	I	I	III	II	III	I	I	I	I	4.29	较差
	Jsh41	I	I	I	I	I	I	I	I	I	III	I	III	I	I	I	I	2.20	良好
	Jsh44	IV	I	III	I	I	I	IV	I	I	III	I	III	I	I	I	I	4.30	较差
	Jsh61	I	I	II	I	I	I	I	I	I	II	I	III	I	I	I	I	0.74	优良

乡镇区	样品号	pH值	总硬度	TDS	SO_4^{2-}	Cl^-	Fe	Mn	Cu	Zn	NO_3^-	NO_2^-	NH_4^+	F^-	Hg	Cr^{6+}	Pb	综合分	质量级别
内坑镇	JIYT01	IV	I	I	I	I	I	I	I	I	III	I	III	I	I	I	I	4.28	较差
	Jsh10	IV	I	I	I	I	I	I	I	I	II	II	I	I	I	I	I	4.26	较差
	Jsh12	I	II	III	I	II	I	I	I	III	III	III	I	I	I	I	I	2.19	良好
	Jsh9	IV	I	II	I	II	I	I	I	I	II	II	I	I	I	I	I	4.26	较差
青阳镇	Jsh14	I	I	II	I	II	I	I	I	II	II	II	I	I	I	I	I	2.14	良好
	Jsh15	I	I	III	I	III	I	I	I	II	II	IV	I	I	I	I	I	4.28	较差
	Jsh16	I	II	III	I	II	I	I	I	II	II	I	I	I	I	I	I	2.17	良好
	Jsh42	IV	I	I	I	II	I	IV	I	I	II	II	III	I	I	I	I	4.31	较差
	Jsh43	II	I	I	I	II	I	I	I	II	II	I	I	I	I	I	I	2.15	良好
	Jsh60	IV	I	III	I	II	I	I	I	II	II	II	I	I	I	I	I	4.28	较差
永和镇	Jsh37	I	I	II	I	II	I	I	I	I	II	II	I	I	I	I	I	0.71	优良
	Jsh38	IV	I	I	I	II	I	I	I	I	II	II	I	I	I	I	I	4.27	较差
	Jsh39	IV	I	I	I	III	I	I	I	I	II	II	I	I	I	I	I	4.27	较差
	Jsh40	I	I	II	I	I	I	I	I	I	III	II	III	I	I	I	I	2.14	良好
紫帽镇	Jsh2	I	I	II	I	III	I	I	I	II	III	II	I	I	I	I	I	2.14	良好
	Jsh3	I	I	I	I	III	I	IV	I	I	II	II	I	I	I	I	I	0.72	优良
	Jsh4	IV	I	I	I	III	I	I	I	I	III	II	I	I	I	I	I	4.27	较差
	Jsh5	I	I	I	I	II	I	IV	I	I	III	II	III	I	I	I	I	4.28	较差
	Jsh13	I	I	I	I	I	I	I	I	I	II	II	I	I	I	I	I	0.73	优良
磁灶镇	Jsh6	IV	I	II	I	III	I	I	I	I	III	II	III	I	I	I	I	4.34	较差
	Jsh7	I	I	I	I	II	I	I	I	I	III	II	I	I	I	I	I	2.13	良好
	Jsh8	I	I	I	I	I	I	I	I	I	II	II	I	I	I	I	I	0.71	优良

表 4.13　南安市地下水质量综合评价表

乡镇区	样品号	pH值	总硬度	TDS	SO$_4^{2-}$	Cl$^-$	Fe	Mn	Cu	Zn	NO$_3^-$	NO$_2^-$	NH$_4^+$	F$^-$	Hg	Cr^{6+}	Pb	综合分	质量级别
丰州镇	NASX01	I	I	I	I	I	I	I	I	I	III	I	III	I	I	I	I	2.14	良好
	Nsh25	II	I	I	I	I	I	I	I	II	IV	I	III	I	I	I	I	4.27	较差
	Nsh26	II	I	I	I	I	I	V	I	I	III	V	I	I	I	I	I	7.15	较差
	Nsh27	III	I	I	I	I	I	I	I	III	III	I	I	I	I	I	I	2.14	良好
	Nsh28	IV	I	I	I	I	I	I	I	I	V	I	I	I	I	I	I	7.11	较差
官桥镇	Nsh1	II	II	III	I	II	I	I	I	I	V	III	III	I	I	I	I	7.14	较差
	Nsh14	I	I	I	I	I	I	I	I	I	IV	I	III	I	I	I	I	4.26	较差
	Nsh2	II	I	III	I	III	I	I	I	I	II	I	III	I	I	I	I	2.13	良好
	Nsh3	I	III	II	II	III	I	I	I	I	V	II	IV	I	I	I	I	7.17	较差
	Nsh4	I	II	III	I	I	I	IV	I	I	V	I	III	I	I	I	I	7.10	较差
	Nsh5	IV	III	III	I	III	I	I	I	I	V	III	III	I	I	I	I	7.24	较差
洪濑镇	NASD01	IV	I	I	I	I	I	I	I	I	II	I	I	I	I	I	I	4.28	较差
	Nsh30	IV	I	II	I	I	I	I	I	I	V	II	I	I	I	I	I	7.12	较差
	Nsh31	IV	I	I	I	I	I	I	I	I	III	I	I	I	I	I	I	4.26	较差
	Nsh32	II	I	I	I	I	I	I	I	II	V	I	I	I	I	I	I	7.09	较差
	Nsh33	I	I	I	I	II	I	I	I	I	II	I	I	I	I	I	I	0.71	优良
	Nsh35	I	I	I	I	I	I	I	I	I	III	I	I	I	I	I	I	2.13	良好
	Nsh36	I	I	I	I	II	I	I	I	II	III	IV	V	I	I	I	I	7.14	较差
	Nsh37	V	I	I	I	II	I	I	I	II	III	III	III	I	I	I	I	7.12	较差

续表

乡镇区	样品号	pH值	总硬度	TDS	SO₄²⁻	Cl⁻	Fe	Mn	Cu	Zn	NO₃⁻	NO₂⁻	NH₄⁺	F⁻	Hg	Cr⁶⁺	Pb	综合分	质量级别
码头镇	NAXT01	II	I	II	III	I	I	I	I	I	III	I	III	V	I	I	I	7.13	较差
省新镇	Nsh44	IV	I	I	I	I	I	I	I	I	V	I	I	I	I	I	I	7.11	较差
	Nsh29	II	II	II	II	I	I	I	I	I	V	I	I	I	I	I	I	7.10	较差
	Nsh38	IV	I	I	I	I	I	I	I	I	III	I	I	I	I	I	I	4.26	较差
康美镇	Nsh39	IV	I	II	I	I	I	IV	I	I	III	I	I	I	I	I	I	4.29	较差
	Nsh40	II	I	I	I	I	I	I	I	I	I	I	I	I	I	I	I	0.72	优良
	Nsh41	IV	I	I	I	I	I	III	I	I	V	I	I	I	I	I	I	7.13	较差
	NAJC01	V	I	I	I	I	I	I	I	I	III	I	III	I	I	I	I	7.11	较差
柳城街道	Nsh17	II	I	I	I	II	I	I	I	I	II	I	III	I	I	I	I	2.14	良好
	Nsh18	I	II	I	I	III	I	I	I	I	IV	I	III	I	I	I	I	4.29	较差
	Nsh20	I	I	I	I	II	I	I	I	I	V	II	III	I	I	I	I	7.10	较差
	Nsh19	I	I	I	I	I	I	I	I	I	II	I	III	I	I	I	I	2.13	良好
	Nsh24	I	I	I	I	I	I	I	I	IV	IV	I	III	I	I	I	I	4.31	较差
美林街道	Nsh42	II	I	I	I	I	I	I	I	I	V	I	III	I	I	I	I	7.11	较差
	Nsh43	IV	I	I	I	I	I	I	I	I	III	I	I	I	I	I	I	4.27	较差
	Nsh46	IV	I	I	I	I	I	I	I	I	V	I	I	I	I	I	I	7.11	较差

续表

乡镇区	样品号	pH值	总硬度	TDS	SO_4^{2-}	Cl^-	Fe	Mn	Cu	Zn	NO_3^-	NO_2^-	NH_4^+	F^-	Hg	Cr^{6+}	Pb	综合分	质量级别
石井镇	NAFC01	I	II	II	II	II	I	I	I	I	III	I	III	I	I	I	I	2.17	良好
	NAXD01	II	III	III	II	IV	I	I	I	I	III	I	III	I	I	I	I	4.33	较差
	Nsh1	I	II	II	I	II	I	I	I	I	V	I	III	I	I	I	I	7.11	较差
	Nsh12	I	I	III	I	II	I	I	I	I	IV	I	III	I	I	I	I	4.27	较差
	Nsh13	IV	II	I	I	I	I	I	I	I	IV	III	III	I	I	I	I	4.31	较差
	Nsh16	II	II	II	I	III	I	I	I	I	V	I	III	I	I	I	I	7.12	较差
水头镇	NAWD01	I	I	II	II	II	I	I	I	I	III	I	III	I	I	I	I	2.15	良好
	Nsh10	IV	III	II	II	II	I	V	I	I	V	IV	III	I	I	I	I	7.18	较差
	Nsh15	II	III	III	III	III	I	I	I	I	V	I	III	I	I	I	I	7.15	良好
	Nsh6	II	I	I	I	I	I	IV	I	I	III	I	III	I	I	I	I	2.16	良好
	Nsh7	II	III	III	II	II	I	III	I	I	III	I	IV	I	I	I	I	4.29	较差
	Nsh8	II	II	III	I	I	I	V	I	I	V	I	III	I	I	I	I	7.12	较差
	Nsh9	IV	I	I	I	I	I	I	I	I	V	I	IV	I	I	I	I	7.20	极差
溪美街道	Nsh47	I	I	I	I	II	I	I	I	I	III	I	III	I	I	I	I	2.14	良好
	Nsh48	V	I	II	I	I	I	I	I	I	V	I	III	I	I	I	I	7.21	极差
	Nsh49	IV	I	I	III	I	I	I	I	I	IV	I	III	I	I	I	I	4.28	较差
霞美镇	NAXM01	I	I	I	I	I	I	I	I	I	III	I	III	I	I	I	I	2.14	良好
	Nsh22	II	I	I	I	I	I	I	I	I	V	I	III	I	I	I	I	7.10	较差
	Nsh23	II	II	III	I	II	I	I	I	I	V	V	V	I	I	I	I	7.25	极差

表 4.14

泉州市区地下水质量综合评价表

乡镇区	样品号	pH值	总硬度	TDS	SO₄²⁻	Cl⁻	Fe	Mn	Cu	Zn	NO₃⁻	NO₂⁻	NH₄⁺	F⁻	Hg	Cr⁶⁺	Pb	综合分	质量级别
丰泽区	QZSQ01	I	II	II	II	II	I	I	I	I	III	I	III	I	I	I	I	2.17	良好
	QZXL01	I	II	II	II	I	I	I	I	I	III	I	III	I	I	I	I	2.16	良好
	QZ-01	I	I	II	III	II	I	I	I	I	V	II	II	II	I	I	I	7.10	较差
	QZ-03	I	I	II	I	II	I	I	I	I	V	I	II	I	I	I	I	7.10	较差
	QZ-04	I	I	I	II	II	I	I	I	I	III	I	II	I	I	I	I	2.14	良好
峰尾镇	QZ-22	I	II	III	II	II	I	I	I	I	V	II	II	III	I	I	I	7.12	较差
	QZXN01	I	I	I	I	I	I	I	I	I	III	I	III	I	I	I	I	2.16	良好
河市镇	QZ-08	I	I	I	I	II	I	I	I	I	III	II	II	II	I	I	I	2.15	良好
虹山乡	QZ-10	I	II	II	I	II	I	I	I	I	IV	II	II	III	I	I	I	4.26	较差
后龙镇	QZ-20	II	I	III	I	II	I	I	I	I	III	I	III	I	I	I	I	7.12	较差
界山镇	QZDZ01	V	II	II	I	II	I	I	I	I	V	II	II	II	I	I	I	7.11	较差
鲤城区	QZ-06	V	I	I	I	II	I	I	I	I	III	II	II	II	I	I	I	7.16	较差
罗溪镇	QZ-09	I	II	II	I	II	I	I	I	I	III	IV	II	III	I	I	I	4.28	较差
马甲镇	QZ-07	IV	II	I	I	II	I	I	I	I	IV	III	II	II	I	I	I	4.29	较差
南埔镇	QZ-21	II	II	III	II	II	I	I	I	I	IV	III	II	II	I	I	I	4.27	较差
前黄镇	QZ-23	II	II	II	I	II	I	I	I	I	IV	V	III	III	I	I	I	7.19	较差
山腰镇	QZ-24	IV	II	III	II	II	I	I	I	I	V	IV	V	III	I	I	I	7.28	较差
双阳镇	QZ-02	IV	I	I	II	III	I	I	I	I	V	II	III	III	I	I	I	7.12	较差
	QZ-05	V	I	I	I	II	I	I	I	I	V	II	II	II	I	I	I	7.16	较差
涂岭镇	QZ-19	IV	I	II	I	III	I	I	I	I	V	III	II	II	I	I	I	7.13	较差

表 4.15　　石狮市地下水质量综合评价表

乡镇区	样品号	pH值	总硬度	TDS	SO_4^{2-}	Cl^-	Fe	Mn	Cu	Zn	NO_3^-	NO_2^-	NH_4^+	F^-	Hg	Cr^{6+}	Pb	综合分	质量级别
宝盖镇	QZ-12	I	II	III	I	III	I	I	I	I	V	I	I	I	I	I	I	7.11	较差
	QZ-18	IV	I	I	I	II	I	I	I	I	IV	II	I	I	I	I	I	4.29	较差
蚶江镇	QZ-15	I	I	II	I	I	I	I	I	I	V	II	I	I	I	I	I	7.09	较差
	QZ-17	II	II	III	II	II	I	I	I	I	V	II	III	I	I	I	I	7.12	较差
鸿山镇	SSLC01	I	I	I	I	I	I	I	I	I	III	I	III	I	I	I	I	2.14	良好
锦尚镇	QZ-14	II	I	III	II	III	I	I	I	I	III	V	V	I	I	I	I	7.22	较差
灵秀镇	QZ-11	I	I	III	I	II	I	I	I	I	III	IV	V	II	I	I	I	7.18	较差
祥芝镇	QZ-16	I	II	III	II	III	I	I	I	I	III	I	III	I	I	I	I	2.20	良好
永宁镇	QZ-13	I	II	III	I	II	I	I	I	I	III	V	V	I	I	I	I	7.18	较差

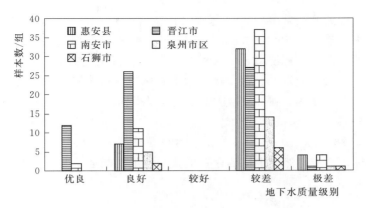

图 4.7 样本数与地下水质量级别统计关系

泉州市区地下水质较差，主要是三氮含量较高。据 1982—1985 年泉州市区鲤城区卫生防疫站的部分水质分析资料分析，大部分水井中的细菌总数和大肠杆菌含量普遍超过饮用水水质标准。如鲤城区清净寺内的水井，细菌总数高达 1280000 个/L，大肠杆菌含量大于 23800 个/L。区内地下水中细菌污染普遍且较严重，可能是因为地下水埋藏浅，在强降雨入渗时地下水更易受污染。三氮（氨氮、亚硝酸盐氮）主要来自含蛋白质的生活污水、垃圾、粪便和化肥等。特别是在人口较为稠密地区，很多水井已废弃，三氮浓度很高，惠安县地下水质总体上也较差，因地域近海，地下水质受海水影响，Cl^- 基本偏高，最高浓度为 439.6mg/L，矿化度偏高，多数水样三氮浓度较高，这很可能是生活垃圾产生的废水废液渗漏地下水引起。

晋江市 40.30％的水样水质良好，40.30％的水样水质较差，反映问题为：部分地区 Mn 含量偏高（如紫帽 JSH5、磁灶 JSH6，安海 JSH28 等），而三氮含量比南安市和惠安县的稍好；同样，因临近海，部分地段 Cl^- 浓度较高。

石狮市区地下水三氮含量高，部分近海区域 Cl^- 浓度高达 1369.19mg/L。

按照地下水作为生活饮用水的要求，则各县市地下水质基本满足不了要求，主要超标项有三氮、Mn^{2+}、F^-、Cl^- 等。自然原因有沿海地区原生海相沉积环境使得附近地带 Cl^- 等离子浓度高，但人类活动的加剧及地下水管理法规不健全是地下水污染的主要原因。山区采矿及各乡镇企业的发展，大量矿渣、工业废水、废渣大多未经处理直接排入河道等水体，河水补给地下水，使地下水质遭受污染；农业的化肥、农药及生活污水普遍大量排放，也是引起地下水质变坏的重要原因。

3. 河流和地下水质相互影响分析

晋江作为泉州市区、晋江市和石狮市重要的供水水源，其水质显得异常重要。为保证晋江的水质，泉州市水利局对晋江的上中下游各重要断面的地下水质进行了连续的监测（图 4.8），每年又包括丰、平、枯水季节，为便于分析，选取了平水季节，即 2003—2005 年（4—6 月）监测数据，监测指标包括 pH 值、硫酸盐、总磷、溶解氧、高锰酸盐指数、五日生化需氧量、亚硝酸盐氮、硝酸盐氮、氨氮、挥发酚、氰化物、汞、砷化物、六价铬、铜、铅、镉、石油类、大肠杆菌、锰等。在 2005 年以前的监测指标中未包括锰，根据《地表水环境质量标准》（GB 3838—2002）来进行评价，各项指标的检验结果见表 4.16～表 4.18。从 2003—2005 年地表水质超标结果可知，2005 年晋江多个断面 Mn 超标，这与自然界中锰的存在形式与地下水的运动有很大的联系。

图 4.8　泉州市沿海地区地下水与地表水取样点和 Mn 异常点分布

注：SW1～SW10 为地表水质取样点；椭圆框范围为 Mn 超标取样点；实心圆点是地下水取样点，点位：SW1 位于山美水库港龙桥；SW2 位于南安园美；SW3 位于南安金鸡桥闸；SW4 位于北渠第三水厂取水口；SW5 位于北渠北水厂取水口；SW6 位于南渠田洋取水口；SW7 位于黄塘溪湄南供水泵站；SW8 位于晋江南渠亭店路口桥下；SW9 位于晋江南渠田洋取水口；SW10 位于惠安黄塘溪湄南供水泵站。

地下水中锰的来源通常是由于岩石和矿物中锰的氧化物、硫化物、碳酸盐、硅酸盐等溶解于水所致，如 $MnCO_3 + CO_2 + H_2O \Longrightarrow Mn(HCO_3)_2$。高价锰的氧化物，如软锰矿（$MnO_2$）等，在缺氧的还原环境中，能被还原（还原剂 H_2S）为二价锰而溶于含碳酸的水中。地下水中 Mn 的溶解与沉淀主要受环境的 pH 值和氧化还原电位（En 值）的控制。地层中锰多为四价氧化物或 $MnCO_3$ 等存在，不溶于水。但在一些地势比较平缓，河塘、湖汊比较多的地区，往往会形成含有较多有机质的淤泥土层：一方面，这些有机质，在一些厌氧细菌的化学分解下，容易产生一种酸性环境，锰结核在这样的环境中，就会很容易溶解，从而进入地下水体；另一方面，有机质在地下水中是较强的还原剂，使得高价锰还原为二价可溶态，从而可以随地下水循环进入水体。因此，有机质含量较高或与大气隔绝较好的封闭还原环境及地下水中含较高的酸性介质是形成高锰的水文地球化学环境。

一般而言，晋江上游地势高，地下水循环较快，不易形成还原环境，而下游地形变化较小，地下水径流条件较差，因此下游孔隙水中锰离子含量比上游孔隙水中要高，金鸡闸的 SW3 监测点 Mn 含量比 SW1 的高。位于上游的 SW2 点 Mn 含量高可能是由于岩石受强烈风化、分解、溶滤作用时，岩土中的锰矿物释放出大量的锰离子，局部范围内地下水运动滞缓，携带大量 Mn 离子排泄至晋江西溪造成了西溪 Mn 含量较高。

从金鸡闸的南北两干渠到入海段的地表水 Mn 含量较高，因为在含有较多的有机质的沉积环境，同样易产生还原环境，在还原环境面上必然存在一个氧化还原界面，在这界面上下也就存在着一个氧化还原电位差，界面上下的锰成低价离子，在水中浓度很高，在电位差的作用下，界面以下附近地下水浓度较大的，逐渐向界面上部扩散，并被氧化成高价铁化合物沉淀，这种过程不断进行，最后在氧化还原界面以上形成锰结核，这种扩散作用向下是逐渐减弱的，所以在湖滨地区，第四系孔隙水中锰离子含量，深部比浅部要高。由于地表水和地下水的频繁的水力交换，使得地表水中 Mn 含量也较高。而且，对于微咸水、咸水中的锰离子的形成，氯离子的含量起主导作用，氯离子的含量越高，有利于锰的迁移。为更进一步分析可能存在的地下水质对地表水质的影响，可以在地表水 Mn 超标监测点附近补充地下水质的取样和分析工作，以真实判别地表水和地下水质的转化关系。

4.4 地下水开发利用现状评价

取现状年为 2006 年，基于闽东南地质大队和各县市水利局共同调查的 2001 年和 2002 年泉州市区、晋江市、石狮市、南安市东部平原和惠安县用水状况，计算 2006 年晋江市、南安市东部平原区、石狮市和惠安县地下水用水统计，见表 4.16～表 4.19。其中，泉州市区地下水用水按泉州市水利局统计，共开采 2004 万 m^3，鲤城区、丰泽区、洛江区和泉港区地下水开采量分别为 193 万 m^3、425 万 m^3、365 万 m^3 和 1021 万 m^3。对于晋江市、南安市东部平原区、石狮市和惠安县地下水用水，在部分行政区的农业、工业用水来自于地表水，部分行政区生活用水来自于地表供水，牲畜用水来自于地下水。现状年晋江市地下水开采约 6536 万 m^3，生活用水约 4422 万 m^3，占了 68％左右。现状年南安市东部平原、石狮市和惠安市地下水开采量分别为 5290 万 m^3、2442 万 m^3 和 5036 万 m^3。

表 4.16　2006 年晋江市地下水用水统计

乡镇	农业用水			工业用水/万 m³	生活用水							牲畜用水					
	有效灌溉面积/亩	定额[m³/(亩-a)]	小计/万 m³		人口数/人		定额[m³/(d-人)]		用水量/万 m³			牲畜数/头				定额[m³/(d-头)]	用水量/[万 m³]
					城镇	农村	城镇	农村	城镇	农村	小计/万 m³	牛	猪	羊	家禽		
池店	5162	18	9.29	93.37	4503	103439	0.18	0.12	0.00	341.39	341.39	604	7000	330	236340	牛和猪用水定额取 0.03；羊用水定额取 0.01；家禽定额取 0.005	46.03
罗山	19548		35.19	104.21	930	45262			6.11	198.25	204.36	2476	21668	1375	140908		35.03
永和	22077		39.74	66.90	850	82037			5.58	359.32	364.91	1067	11727	1172	191740		40.09
龙湖	28279		50.90	60.15	2637	102945			0.00	331.05	331.05	1439	20260	1985	152665		36.51
英林	15213		27.38	92.53	2016	81632			0.00	256.88	256.88	1023	7514	1813	84220		19.15
内坑	17873		32.17	48.18	849	75014			5.58	328.56	334.14	2528	19260	685	370720		75.86
紫帽	2524		4.54	22.37	520	15402			3.42	67.46	70.88	748	3982	35	66856		13.94
磁灶	21648		38.97	137.64	1671	108163			10.98	473.75	484.73	1610	15970	420	804100		153.32
陈埭	369		0.66	0.00	3922	228085			0.00	665.79	665.79	380	8163	92	189327		37.70
青阳	4130		7.43	75.77	15909	32349			0.00	0.00	0.00	666	8041	288	264493		51.55
安海	24379		43.88	179.87	1349	147253			0.00	388.08	388.08	2037	51980	1970	292928		73.89
东石	30274		54.49	69.90	1762	135085			0.00	467.99	467.99	1510	7950	787	166054		34.05
金井	18999		34.20	58.95	3139	80429			0.00	278.43	278.43	850	8932	1458	87632		20.10
深沪	8909		16.04	47.89	1866	75225			0.00	206.26	206.26	440	10568	500	102000		22.82
西滨			0.00	0.00	635	6323			0.00	27.69	27.69	11	386	0	7800		0.00
合计	219384		394.89	1057.73	42558	1318643			31.67	4390.90	4422.56	17389	203401	12910	3157783		661.60

表 4.17　2006 年南安市地下水用水统计表

乡镇	农业用水			工业用水/万m³	生活用水							牲畜用水					
	有效灌溉面积/亩	定额/[m³/(亩·a)]	小计/万m³		人口数/人		定额/[m³/(d·人)]		用水量/万m³		小计/万m³	牲畜数/头				定额/[m³/(d·头)]	用水量/万m³
					城镇	农村	城镇	农村	城镇	农村		牛	猪	羊	家禽		
溪美	5780	30.6	17.69	97.09	25966	54387	0.18	0.10		94.68	94.68	1200	8100	1220	170520	牛和猪用水水定额取 0.03；羊用水定额取 0.01；家禽用水定额取 0.005	34.96
柳城	3334		10.20	72.27	2308	61996				125.18	125.18	1175	9898	285	201370		40.90
美林	5625		17.21	133.96	2686	68008				168.87	168.87	3280	14800	900	125700		29.87
洪濑	12479		38.19	230.68	16339	72500				327.77	327.77	1560	19200	750	236110		50.94
洪梅	1956		5.99	47.45	13026	37584			85.58	47.54	133.13	624	11163	528	154208		32.64
康美	8369		25.61	78.84	10850	45621				133.12	133.12	1740	11413	1398	336989		66.81
丰州	2258		6.91	57.31	16647	31878				85.87	85.87	806	5170	441	62500		13.75
霞美	5826		17.83	140.53	20158	47717			132.44	174.17	306.61	1140	22130	785	138594		34.07
官桥	12802		39.17	451.14	19169	87926				317.90	317.90	4899	14085	1141	182467		40.65
水头	16192		49.55	574.88	20767	126868				374.62	374.62	5180	9200	960	254000		51.95
石井	8920		27.30	381.79	9555	78035				264.95	264.95	1150	16630	1300	179000		39.63
合计	83541		255.64	2265.92	157471	712520			218.02	2114.66	2332.68	22754	141789	9708	2041458		436.17

表 4.18   2006 年石狮市地下水用水统计表

乡镇	工业用水		生活用水		牲畜用水/万 m³	合计/万 m³
	机井数/个	用水量/万 m³	人口数/人	用水量/万 m³		
石狮市区	11	26.46	63511	—	—	26.46
灵秀	13	30.84	56600	309.89	13.51	354.23
宝盖	4	10.00	74476	407.76	5.69	423.45
蚶江	18	40.52	64652	353.97	24.75	419.23
祥芝	3	6.57	32469	177.77	40.95	225.29
永宁	16	37.45	54172	296.59	23.21	357.25
鸿山镇	—	—	29470	—	—	0
锦尚镇	—	—	23266	—	—	0
合计	65	151.84	398616	2182.42	108.11	2442.38

表4.19

2006年惠安县地下水用水统计表

乡镇	农业用水 有效灌溉面积/亩	定额 [m³/(亩·a)]	小计 /万m³	工业用水 /万m³	生活用水 人口数/人 城镇	农村	定额[m³/(d·人)] 城镇	农村	用水量/万m³ 城镇	农村	小计 /万m³	牲畜用水 大牲畜数/头 牛	猪	小计	定额 [m³/(d·头)]	用水量 /万m³
螺城	5670.90	33.78	19.16	54.75	49660	36816			0.00	134.38	134.38	392	9860	10252		11.23
螺阳	26754.30	33.78	90.37	73.00	3418	77522			0.00	282.96	282.96	1786	21449	23235		25.44
涂寨	25487.10	33.78	86.09	54.75	1310	39049			0.00	142.53	142.53	1918	14688	16606		18.18
山霞	12692.70	29.78	37.80	21.90	922	33021			8.41	120.53	128.94	330	7600	7930		8.68
东岭	17515.80	29.78	52.16	21.90	2729	67943			24.90	247.99	272.89	420	23195	23615		25.86
东桥	21202.20	29.78	63.14	7.30	1076	63764			9.82	232.74	242.56	1278	19991	21269		23.29
崇武	3579.30	23.00	8.23	91.25	3107	72275	0.25	0.10	0.00	263.80	263.80	27	9339	9366	牛和猪用水定额取0.03；羊用水定额取0.01；家禽用水定额取0.005	10.26
黄塘	20085.30	39.22	78.78	10.95	3399	76385			31.02	279.54	310.55	4616	12150	16766		18.36
紫山	20678.40	39.22	81.11	7.30	1204	48759			10.99	177.97	188.96	4265	13368	17633		19.31
辋川	29838.60	33.78	100.79	25.55	3203	80257			29.23	292.94	322.17	796	14498	15294		16.75
洛阳	22304.70	29.78	66.42	29.20	3615	56008			0.00	204.43	204.43	2821	8259	11080		12.13
东园	21096.90	29.78	62.82	36.50	3427	60454			31.27	220.66	251.93	1308	6440	7748		8.48
张坂	23513.40	29.78	70.02	18.25	2532	64303			0.00	234.71	234.71	1658	9805	11463		12.55
百崎	4196.70	23.00	12.50	12.78	906	30494			8.27	111.30	119.57	327	3500	3827		4.19
净峰	14579.10	23.00	33.53	10.95	2003	70486			18.28	257.27	275.55	226	16535	16761		18.35
小岞	1470.60	23.00	3.38	5.48	493	18888			4.50	68.94	73.44		5436	5436		5.95
合计	270666		866.28	481.80	80408	896624			176.68	3272.68	3449.36	22168	196113	218281		239.02

第5章 典型平原区地下水数值模拟

泉州-晋江平原分布于晋江两岸，松散孔隙水量相对丰富，开发利用率也较高，在泉州市地下水开发利用具有典型性，因此将其作为数值模拟区域，研究地下水动态以及水质污染对地表水的影响。

5.1 水 文 地 质 试 验

水文地质试验是获取水文地质参数（如渗透系数、给水度和补给系数等）的重要手段。因为研究区开展的抽水试验少，局部范围内甚至无抽水试验孔，需要补充抽水试验工作。居民住宅区地下水井众多，不易进行正常的抽水试验和恢复试验，因此采用微水试验（slug test）来求取介质的渗透系数 K。

5.1.1 试验原理

1. 试验步骤

（1）抽水 1min 左右，并记录水位降深变化及其对应时间。

（2）记录水位恢复情况，即记录水位上升时的变化及其对应的时间。

（3）对恢复时记录的数据进行整理分析，并计算 K 值。

水位的测量由两名人员同时进行，并分别记录实测数据。K 值计算也分别进行，最后取平均值。

2. 计算原理

本试验的数据计算采用 Hvorslev 方法。经过 t 时间，水井的水位上升了 y 高度，根据水均衡原理：

$$A \frac{\mathrm{d}y}{\mathrm{d}t} = FK(H_0 - y) \tag{5.1}$$

式中：A 为压力管截面面积；F 为入口形状修正系数；K 为介质的渗透系数；H_0 为潜水面水位或压力面水头；y 为空间上位置；t 为抽水时间。

经推导可行式（5.2）：

$$\ln\left(\frac{H}{H_0}\right) = -\frac{FK}{A}t \tag{5.2}$$

各参数说明如图 5.1 所示。

根据 Hvorslev 方法，定义：

$$T_0 = \frac{A}{FK} \tag{5.3}$$

将式（5.3）代入式（5.2）得

$$\ln\left(\frac{H}{H_0}\right) = -\frac{t}{T_0} \tag{5.4}$$

式（5.4）的对应关系可用图 5.2 表示。

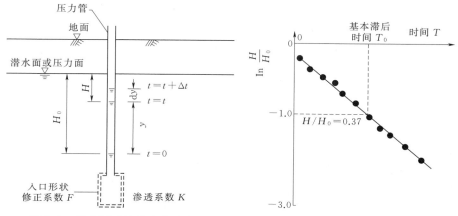

图 5.1　微水试验计算参数示意图　　　图 5.2　$\ln(H/H_0)$ 和 T 的关系示意图

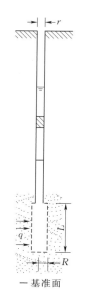

图 5.3　计算参数
示意图

当 $H/H_0 = 0.37$ 时，$\ln(H/H_0) = -1$，则 $T_0 = t$。

参数 F 可根据下式计算：

$$F = \frac{2L\pi}{\ln(L/R)} \tag{5.5}$$

如图 5.3 所示，q 为流入压力管的水量，整理可得 K 的计算式为：

$$K = \frac{A}{FT_0} = \frac{r^2 \ln(L/R)}{2LT_0} \tag{5.6}$$

在利用公式计算时，假定 $r=R$。另外，由于缺乏有关滤水管长度的资料，而含水层厚度一般在 15m 以内，计算时假定为 3m，即 $L=3$m。

3. 抽水试验点位

抽水试验点共有 18 处，分布遍及整个研究区域，即包括泉州市区和涉及的晋江市、石狮市、惠安县和南安市所辖区域。具体分布如图 5.4 所示。

图 5.4　微水试验点分布示意图

5.1.2　试验结果及分析

1. 渗透系数结果分析

根据已有的有关研究区导水性的资料，抽水试验所计算的 K 值除个别点外大部分比较符合当地的实际情况。根据计算结果，浮桥的 K 值约为 0.35m/d，但是后曾、瑁柱和科任分别为 0.41m/d、0.16m/d 和 1.67m/d。渗透系数的大小与试验点所处位置的地质构造、岩性等方面有关，也就是说不同的地质构造条件造成了临晋江、滨海地区导水性的不均匀。

本次抽水试验中码头镇新汤村试验点渗透系数最大，为 11.32m/d。该点的抽水试验井为温泉井，水温 40℃ 左右。位于晋江的苏前公社试验点，其 K 值也较大，为 8.07m/d。

2. 恢复水位分析

回水影响指在抽水试验中，当抽水停止后，抽水管里的水倒流回井中，从而影响其真实的水位恢复。尤其对小口径深水井，回水影响比较明显。在前期的 3 个抽水试验点即大桥、燎原和西华岩寺存在一定的回水影响，在水位恢复的初期水位上升较快。在随后的试验中，通过采取一定的措施减小了回水影响。

3. 不同 L 值影响分析

不同的 L 值计算的 K 值也不同，为分析 L 值的变化对 K 计算的敏感性，分别取 L 为 1m、2m、3m 时 K 值计算的值，见表 5.1。当 L 从 1m 增大到 3m 时，大桥、燎原和池头 3 个试验点的 K 值几乎减小了一半，分别从 6.424 m/d、6.034m/d、2.421m/d 减至 3.695m/d、3.427m/d、1.384m/d。另外，变化最大的试验点是苏前公社，减小了 4.672m/d；其次是外曾村为 3.99m/d。变化最小的是琯柱村仅为 0.09m/d。除了上述几个试验点，其他点变化不大，平均变化在 1m/d 左右。就整体而言，当 L 从 1m 增至 3m 时的 K 值变化不大，平均变化 1.55m/d；而 L 从 2m 增至 3m 时的 K 值变化则更小，平均变化为 0.68m/d。

表 5.1　　　　　　　　　　不同 L 值的 K 值计算结果

序号	抽水点名称	$L=1$ 时的 K 值/(m/d)	$L=2$ 时的 K 值/(m/d)	$L=3$ 时的 K 值/(m/d)
1	大桥村	6.424	4.682	3.695
2	燎原村	6.034	4.357	3.427
3	西华岩寺	1.674	1.393	1.146
4	浮桥	0.583	0.437	0.348
5	池店	3.661	2.786	2.230
6	苏前公社	12.742	9.988	8.069
7	院前村	1.511	1.133	0.903
8	科任	2.360	2.014	1.668
9	西埔后厝	6.808	5.156	4.120
10	北门村	8.704	8.130	6.893
11	松茂村	3.921	2.999	2.404
12	仕茂村	0.384	0.288	0.229
13	坝仔头	0.334	0.250	0.199
14	池头村	2.421	1.757	1.384
15	后曾村	0.645	0.503	0.406
16	琯柱村	0.248	0.196	0.158
17	外曾村	9.913	7.435	5.923
18	新汤村	14.067	13.312	11.323

5.2　水文地质概念模型

模拟区域为泉州-晋江平原。依据边界条件的性质，模拟范围比泉州-晋江平原范围大，其范围如图 5.5 所示，模拟区面积约 660km²。模拟区含水系统为多层含水系统。北部和西部属于花岗岩残丘台地，沿晋江两岸上覆弱透水的残积土层与冲积松散堆积物，下部是花岗岩裂隙含水层；中部为第四系松散孔隙介质；南部为花岗岩分布区，因局部地势较高而存在小型地下水分水岭；东部为临海边界。研究区域各边界概化如下。

图 5.5　模拟区域示意图

北部边界：区域资料反映，研究区的北部为花岗岩分布区。主要为冲积成因的堆积物直接覆盖在花岗岩顶部，因其渗透系数很小，可考虑作为第二类边界的通量边界或零流量边界。

西部和南部边界：大部分属于花岗岩分布区，可视为地下分水岭，或者考虑作为第二类边界的通量边界。从西部流入研究区内的晋江，由西向东贯穿研究区，河底见有渗透性较好的细砂层，河水与地下水之间存在较强的水量交换，其两岸分布沉积了较厚的松散层，具有良好的导水性能。

东部边界：为海水边界，概化为定水头的一类边界，海水只是切割孔隙含水层，未达到裂隙含水层。

含水系统顶部接受降雨入渗补给、潜水蒸发以及与河流的水量交换。降雨入渗补给和潜水蒸发概化为第二类边界；河流和地下水交互概化为第三类边界，其交互关系由地下水位和河水位来决定，河流切割到孔隙含水层；下部以花岗岩弱风化层底板为底部边界，介质几乎不透水处理为零通量边界。

由钻孔揭露的几组典型的钻孔剖面如图5.6～图5.9所示。

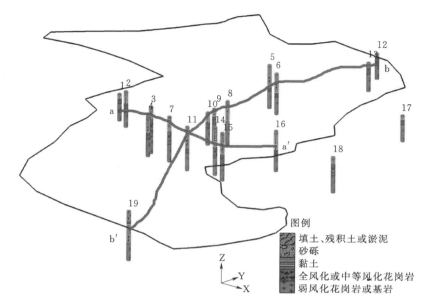

图 5.6　模拟区钻孔及典型的两条剖面示意图

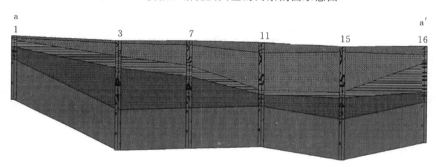

图 5.7　aa′水文地质剖面示意图

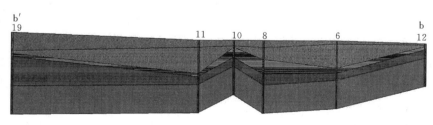

图 5.8　bb′水文地质剖面示意图

　　根据研究区地下水系统的特性和钻孔剖面揭露资料，垂向上将地下水系统概化为 5 个模拟层，由上至下分别为：

　　（1）第四系的人工填土和耕植土层。因城市开发建设需要，除台地、残丘

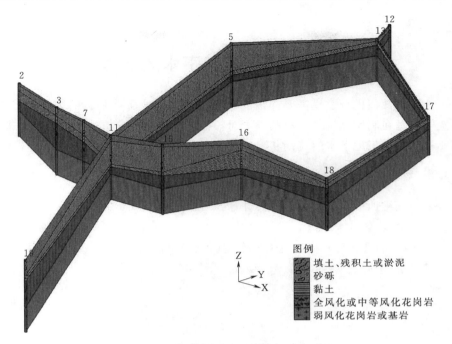

图 5.9 模拟区三维水文地质剖面示意图

地貌外，表层基本覆盖有一层人工堆积层，厚度一般 2～7m，多为黏土或粉
质黏土混砂砾（如素填土类），局部夹砖或混凝土块、碎石。

（2）第四系冲积砂砾石层。细砂、中粗砂、砾石及砂砾层为主要含水介
质，中间局部地段夹淤泥、淤泥质亚黏土及黏土，为研究区主要孔隙含水层。
由相关报告，砾砂的渗透系数一般在 8～20m/d。由 1979 年区域水文地质试验
结果表明，抽水试验求取的渗透系数达 48m/d，主要分布于晋江河流两侧，
厚度变化区间 0～19m，远离晋江的局部地段存在缺失，在缺失地段将其厚度
按线性变化进行延伸。

（3）黏性土层。河流冲洪积区由残积砾质黏性土组成，一般厚度在 5～
20m 之间变化，但局部地段可缺失或可达 30m，渗透性差，属于相对隔水层；
基岩山区为风化岩土地；临海区为海相沉积层与现代冲积物交互沉积，岩性为
黑色淤泥或淤泥质黏土间有砂石混合物，厚度不大，渗透性一般较弱。

（4）强风化和中等风化的花岗岩。为强和中等风化花岗岩形成的土层，遍
布全区，经强烈风化作用，岩石结构松散，风化裂隙发育，尤其中下层部位更
甚，为地下水的储存创造了较为有利条件，该层层位稳定，分布广，一般厚度
为 5.0～25.0m，含水介质主要为风化裂隙，属于基岩裂隙含水层。

（5）花岗岩底部。花岗岩底部几乎没有风化作用，渗透性很低，厚度为

150m 左右。

5.3　典型平原区地下水数值模型

地下水数值模型建模需要详细的气象、水文和地质等相关的数据的输入，本次模拟是在利用已有的资料基础上对模拟区作进一步分析。本次数值模拟的主要目的是分析地下水的流动状况，评价现状地下水开发利用现状。

5.3.1　数学模型

采用三维地下水数值模型进行计算。

1. 控制方程

Huyakorn（1987）提出变密度水流的三维流控制方程为

$$\frac{\partial}{\partial x_i}\left[K_{ij}\left(\frac{\partial H}{\partial x_j} + \eta Ce_j\right)\right] = S_s\frac{\partial H}{\partial t} + \varphi\eta\frac{\partial C}{\partial t} - \frac{\rho}{\rho_0}q \quad (i,\ j = 1,\ 2,\ 3)$$

(5.7)

式中：K_{ij} 为渗透系数张量；H 为淡水的参考水头；x_i，$x_j(i,\ j = 1,\ 2,\ 3)$ 为笛卡尔坐标；η 为密度耦合系数；C 为溶质浓度；e_j 为第 j 个重力单元向量分量；S_s 为储水系数；t 为时间；φ 为孔隙度；q 为单位体积多孔介质源汇项的体积流速；ρ、ρ_0 分别为混合流体（咸淡水）和淡水的密度。本模型近似认为咸淡水密度变化不大，因此 $\rho = \rho_0$，$\eta = 0$。认作浓度的线性函数。

三维溶质运移的控制方程为

$$\frac{\partial}{\partial x_i}\left(D_{ij}\frac{\partial C}{\partial x_j}\right) - \frac{\partial(u_iC)}{\partial x_i} = \frac{\partial C}{\partial t} - \frac{q}{\varphi}C^*$$

(5.8)

式中：D_{ij} 为弥散系数张量$(i,\ j = 1,\ 2,\ 3)$；u_i 为地下水渗流速度在 x_i 上的分量；C^* 为源（汇）项浓度。其中渗透流速可表示为

$$v_j = K_{ij}\left(\frac{\partial H}{\partial x_j} + \eta Ce_j\right)$$

(5.9)

2. 河流与地下水的交互

河流与地下水的交换量根据地下水位、河水位、河底弱透水层的厚度和介质的渗透系数来计算。根据达西定律，河流与地下水交换量计算公式可改为式（5.10）。

$$q_{na} \approx -K_o^{in}\frac{\Delta h}{\Delta l} = K_o^{in}\frac{h_2^R - h}{d}$$

(5.10)

$$\phi_h^{in} \approx \frac{K_o^{in}}{d}$$

(5.11)

式中：q_{na} 为河水与地下水的转换率，m/d；ϕ 为转换系数，（1/d）；$K_{\circ}^{in}$、$K_{\circ}^{out}$ 分别为河流补给地下水和地下水排泄给河流时的河底弱透水介质的渗透系数（两者不一样，$K_{\circ}^{out} > K_{\circ}^{in}$，m/d）；$h_2^R$ 为河水位，m；h 为地下水位，m；d 为河床底弱透水层厚度，m。

建立的模型采用德国 WASY 水资源规划所开发的 FEFLOW 软件计算。

5.3.2 基础资料整理

1. 钻孔数据

由前期资料收集和整理，总有 103 个水文地质钻孔，数值模拟区共有 19 个，其分布如图 5.10 所示。每个钻孔均有详细的岩性记录、初见水位、地面海拔高程，以及部分孔有水样简分析结果。

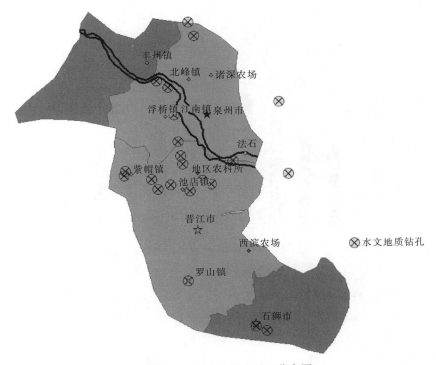

图 5.10 水文地质钻孔平面分布图

2. 降雨量

以晋江市雨量站降雨量记录为参考，1971—2002 年的降雨量如图 5.11（a）所示，多年平均降雨量为 1265mm 左右，其月动态如图 5.11（b）所示。

3. 地下水位动态

研究区没有地下水动态监测孔，只有两次地下水位统测数据，一次为

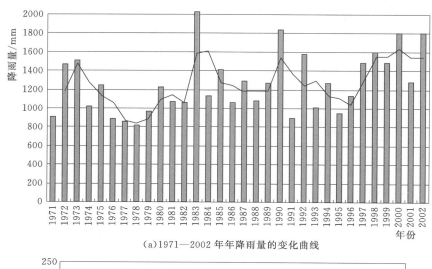

(a)1971—2002 年年降雨量的变化曲线

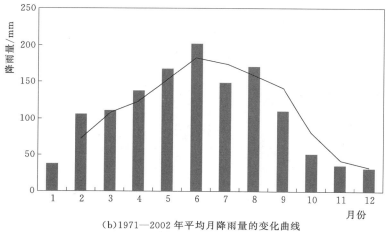

(b)1971—2002 年平均月降雨量的变化曲线

图 5.11　降雨量年际和年内变化曲线

2008 年 4 月 14 日至 2008 年 4 月 21 日（枯水期），另一次为 2008 年 6 月 24 日至 2008 年 7 月 12 日（丰水期），两次统测的地下水位埋深如图 5.12 所示。在枯水期，离晋江中部、模拟区中部和西部地下水位埋深较大，最大达 15m；在临海部分地下水位较浅，在 1m 以内。而在丰水期，可以看到，在晋江两侧地下水埋深 1～2m，而在其他地方枯水期地下水埋深较大处，丰水期地下水位埋深增大。

4. 水文地质参数

根据微水试验、水文地质钻孔揭露的岩性和抽水试验以及《水文地质手册》中水文地质参数的经验取值，模拟区的水文地质参数分区如图 5.13 所示，各分区的参数取值见表 5.2。

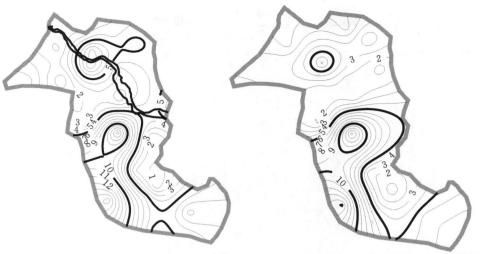

(a)2008 年 4 月 14 日至 2008 年 4 月 21 日统测　　(b)2008 年 6 月 24 日至 2008 年 7 月 12 日统测

图 5.12　地下水位埋深等值线

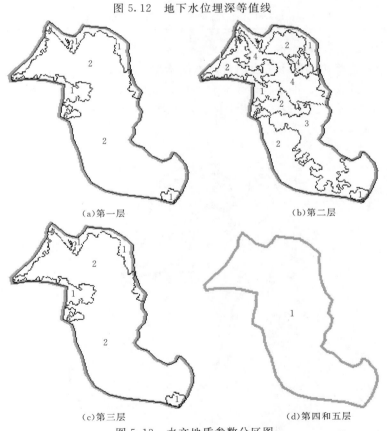

(a)第一层　　　　　　　　　　　　(b)第二层

(c)第三层　　　　　　　　　　　　(d)第四和五层

图 5.13　水文地质参数分区图

表 5.2　　　　　　　　　　　　参 数 取 值 估 计 值

模拟层	分区号	岩性	x 方向渗透系数 K_x /(m/d)	y 方向渗透系数 K_y /(m/d)	z 方向渗透系数 K_z /(m/d)	给水度 μ_d	单位储水系数 μ_s/(L/m)
第一层	1	残坡积粉土和砂土	0.5	0.5	0.1	0.08	0.0006
	2	填土＋淤泥	0.2	0.2	0.04	0.07	0.0006
第二层	1	残积	3	3	1.5	0.14	0.0005
	2	细砂	10	10	5	0.15	0.0003
	3	中砂	15	15	7.5	0.18	0.0003
	4	砂砾	25	25	12.5	0.21	0.0002
第三层	1	风化花岗岩黏土	0.1	0.1	0.02	0.09	0.0006
	2	黏土	0.1	0.1	0.05	0.08	0.0006
第四层	1	强风化或中等风化花岗岩	2	2	1	0.12	0.0005
第五层	1	弱风化花岗岩和基岩	0.0001	0.0001	0.00005	0.005	0.0007

5. 降雨入渗补给系数

综合考虑降雨和潜水蒸发因素，不同类型土质的入渗补给系数差异大。研究区共有 3 个分区，即 1 区、2 区和 3 区，如图 5.14 所示，入渗补给系数分别按 9％，15％、20％取。这里 1 区、2 区和 3 区岩性分别为风化花岗岩和变质岩、中细砂和粗砂、砂砾石。

图 5.14　降雨入渗补给系数分区图

6. 晋江河水位和水质

没有收集到详细的晋江水位和水质动态数据，在金鸡闸管理处晋江水位约为 7.5m，在临海处晋江水位接近海平面，大致晋江河流的坡度线性插值给出晋江干流对应的网络结点的水位值。河流的入流和出流传输率分别设置为 800L/m 和 1000L/m。

7. 初始地下水流场

根据 2008 年 4 月 14 日至 2008 年 4 月 21 日地下水位埋深统测数据，研究区共有 29 个统测点，其分布及数据如图 5.15 所示。地面海拔高程数据是以 1∶25 万数字地形图为依据，参照 1∶5 万纸质地形图中海拔高程信息，再加上前期地质调查中用南方测绘 S82 GPS 测得部分点的海拔高程信息，利用 Surfer 软件进行数据插值生成。地面海拔高程等值线如图 5.16 所示。结合地面海拔高程和水位埋深数据可得到模拟区的初始流场，如图 5.17 所示，初始地下水位场先根据有限的统测点数据插值生成，实际中地下水流场受降雨和晋江入渗补给量、开采量等条件（即地下水的补给和排泄量的变化）的影响。因此，仍需要通过数值模型来验证和调整地下水的初始流场。

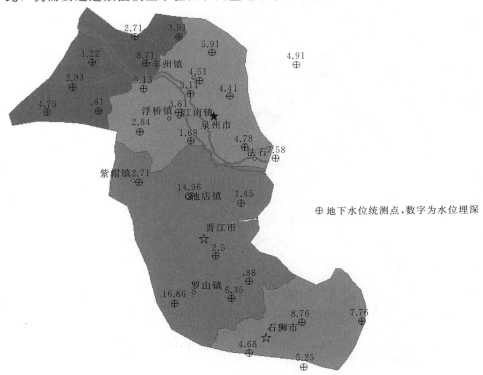

图 5.15　初始水位统测井的水位埋深

图 5.16　地面海拔高程等值线图

图 5.17　初始的地下水位等值线

8. 地下水开发利用

根据泉州市水利局 2006 年水资源公报，沿海地区开采地下水 2.19 亿 m³，模拟区域包括泉州市区、南安市、晋江市和石狮市的部分地区，按地下水开采的比例，估算 2008 年模拟区域共采地下水为 3013.37 万 m³，模拟区南安市、泉州市区、晋江市和石狮市开采量分别为 441.70 万 m³、334.00 万 m³、1660.67 万 m³、577.00 万 m³。由于缺乏开采井的具体分布，因此假定地下水在所属区均匀开采。

5.3.3 地下水数值模拟计算与分析

1. 空间离散和模拟期

按照水文地质概念模型，共划分 5 个模拟层，空间剖分共有 18870 个结点，30190 个单元，三维实体模型如图 5.18 所示。模拟时间从 2008 年 4 月 22 日至 7 月 25 日，以 2008 年 7 月 25 日统测的地下水流场作为模拟拟合。

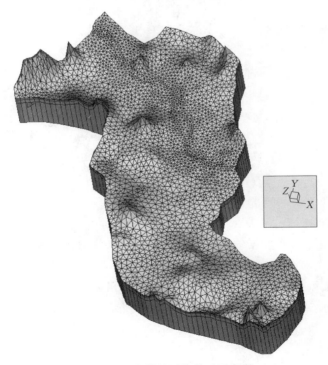

图 5.18 离散的网络单元示意图

2. 边界条件

根据建立的水文地质概念模型，模拟区域临海的边界概化为一类定水头边界，即地下水位为海水位，晋江概化为第三类边界条件，边界类型如图 5.19 所示。其他边界概化为隔水边界，本次不考虑清源山北西向断裂对地下水补给和排泄的影响。

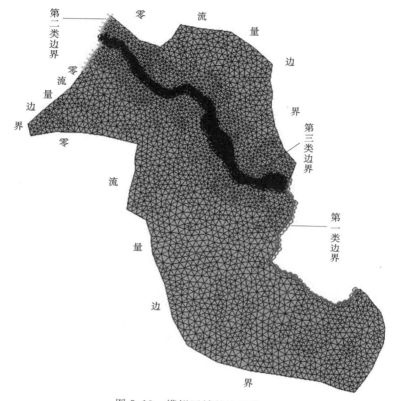

图 5.19　模拟区域的边界设置

3. 模拟运行

在所有模型需要数据输入 FEFLOW 地下水数值模拟系统中，模型即可运行，模型采用预校正的自动时间步长，单步计算时水头收敛条件为 10^{-4} m，三维流模型中设置第一模拟层为自由可移动界面。经过计算，模拟与实测的丰水期地下水位等值线如图 5.20 所示，由图中可见模拟结果基本与实测符合。

4. 模拟时段内地下水均衡分析

模拟的地下水补给和排泄量如图 5.21 所示，模拟区的地下水补给量主要来自于降雨入渗补给，占了 90% 左右。地下水向海和晋江排泄量占总补给量的 70% 左右，而地下水开采量占总补给量的 30% 左右。

图 5.20　模拟与实测的丰水期地下水位等值线

注：实线为模拟等值线，虚线为实测等值线

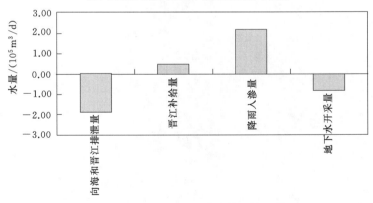

图 5.21　模拟的地下水补给和排泄量

5.4　典型平原区地下水污染对晋江影响的模拟分析

在建立的泉州-晋江平原地下水流数值模型基础上，考虑溶质运移的弥散系数等参数，预测分析点状污染源对地下水以及晋江的影响。

5.4.1　预测方案设置

如果出现突发地下水污染事件，如运输车辆倾覆等，出现 COD、苯污染时，需要预测地下水污染可能对地表饮用水源的影响，因此利用模型主要分析金鸡闸附近点状地下水污染源可能对晋江饮用水源的影响，如图 5.22 所示，假定点位为南安的社坛附近（A 点）和潘山附近（B 点）。A 点离晋江沿岸最近距离 800m，B 点离晋江沿岸最近距离 1000m。孔隙和裂隙含水层的纵向和横向弥散度分别为 100m 和 10m，孔隙度分别为 0.3 和 0.1，分子扩散系数取为 $6.6 \times 10^{-6}\,\mathrm{m^2/s}$，不考虑污染质在介质中的物理和化学吸附以及化学反应。模拟初始地下水中污染源浓度很小，可近似认为 0mg/L。模型运算的初始时间为 2008 年 4 月，初始地下水位参考 2008 年 4 月实测的地下水位等值线。预测的时间为 30 年，降雨量和蒸发量数据采用多年平均的气象数据。假定 A、B 处地下水分别遭受 COD、氨氮、有机物（苯等）污染，各污染源对应的浓度分别为 1000mg/L、50mg/L 和 500mg/L。

图 5.22　地下水污染源位置图

5.4.2　结果分析

1. COD 污染预测分析

按照《地表水环境质量标准》（GB 3838—2002），三类地表水 COD 标准

为 20mg/L。COD 随地下水运移的速度是缓慢的，图 5.23 和图 5.24 显示了
$t=200$ 天、1 年、5 年、10 年和 20 年地下水中 COD 浓度等值线图。在 A 处
和 B 处经过 20 年，地下水中 20mg/L 的 COD 浓度等值线临近晋江，由于地
下水会向晋江排泄，会使晋江的 COD 浓度升高。

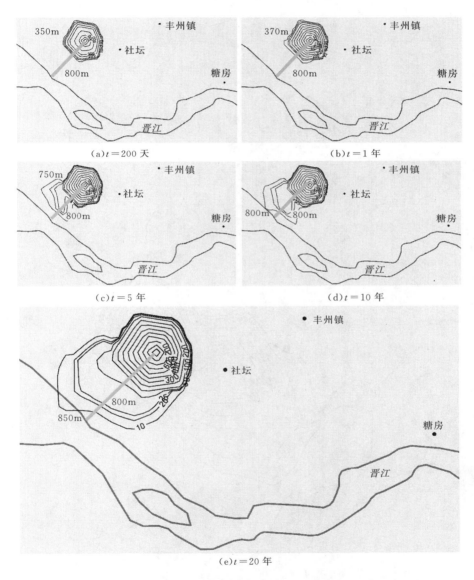

图 5.23　A 点污染源对应的不同时间 COD 浓度等值线图（单位：mg/L）

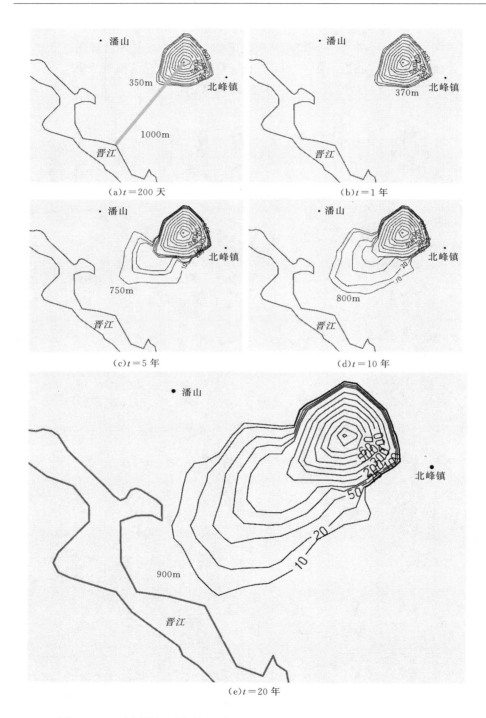

(a)t＝200 天

(b)t＝1 年

(c)t＝5 年

(d)t＝10 年

(e)t＝20 年

图 5.24　B 点污染源对应的不同时间 COD 浓度等值线图（单位：mg/L）

2. NH₃-N 污染预测分析

按照《地表水环境质量标准》(GB 3838—2002)，三类地表水 NH_3-N 标准为 1.0mg/L。图 5.25 和图 5.26 显示了 $t=1$ 年、5 年、10 年、20 年和 30 年地下水中 NH_3-N 浓度等值线图。在 A 和 B 处经过 30 年，地下水中 1.0mg/L 的

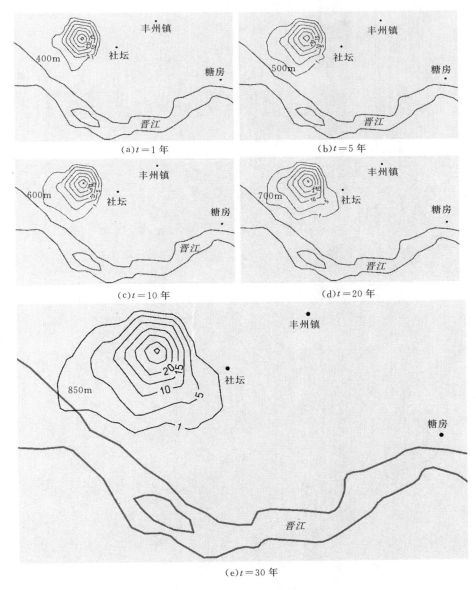

(a)$t=1$ 年

(b)$t=5$ 年

(c)$t=10$ 年

(d)$t=20$ 年

(e)$t=30$ 年

图 5.25 A 点污染源对应的不同时间 NH_3-N 浓度等值线图（单位：mg/L）

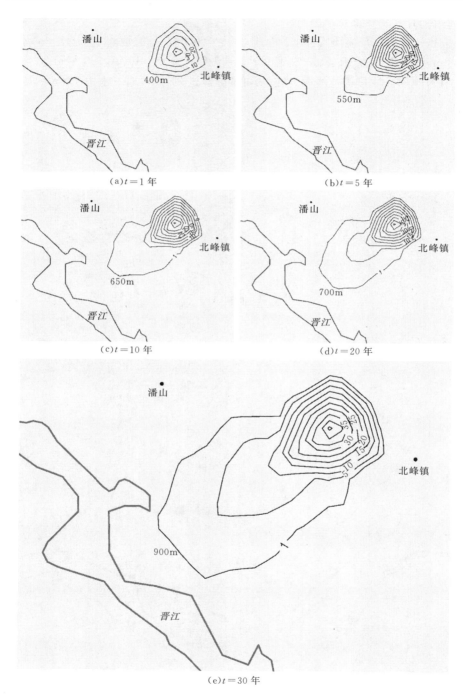

(a)$t=1$ 年

(b)$t=5$ 年

(c)$t=10$ 年

(d)$t=20$ 年

(e)$t=30$ 年

图 5.26　B 点污染源对应的不同时间 NH_3-N 浓度等值线图（单位：mg/L）

NH_3-N 浓度等值线已扩散到晋江，由于地下水会向晋江排泄，会使晋江的 NH_3-N 浓度升高。

3. 有机污染预测分析

选取苯污染源，按照《地表水环境质量标准》（GB 3838—2002），集中式饮用地表水源苯标准为 0.01mg/L。图 5.27 和图 5.28 显示了 $t=1$ 年、5 年、

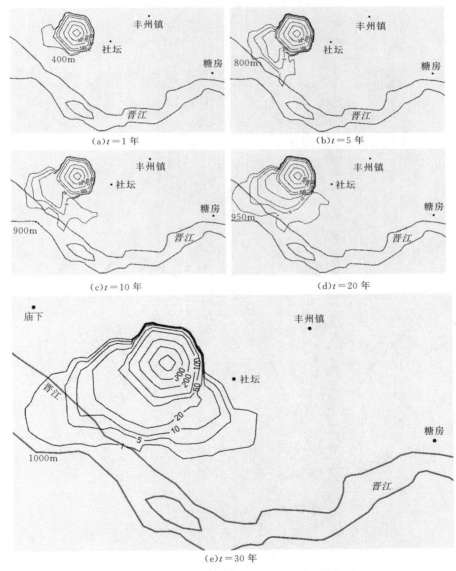

(a)$t=1$ 年　　　　　　　(b)$t=5$ 年

(c)$t=10$ 年　　　　　　(d)$t=20$ 年

(e)$t=30$ 年

图 5.27　A 点污染源对应的不同时间苯浓度等值线图（单位：mg/L）

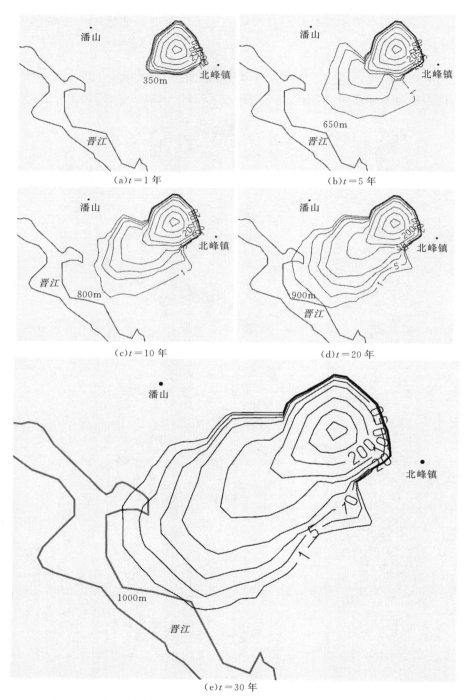

图 5.28　B 点污染源对应的不同时间苯浓度等值线图（单位：mg/L）

10 年、20 年和 30 年地下水中苯浓度等值线图。在 A 处和 B 处经过 30 年，地下水中 1.0mg/L 的苯浓度等值线已扩散到晋江，由于地下水会向晋江排泄，会使晋江的苯浓度升高，影响到供水安全。

4. 30 年始末潜水位变化

模拟初期和模拟的 30 年后潜水位等值线分别如图 5.29 和图 5.30 所示。比较两张等值线图可以发现，对于南安市和泉州市区来说，地下水位变化不大；晋江市和石狮市地下水下降较快，如晋江市池店镇，由模拟初期的 20m 变化到模拟时段末的 15m，下降了近 5m，水头镇附近地下水位由 10m 变化到 5m，也下降了 5m；陈埭镇地下水位下降近 7m，洋埭地下水位下降近 10m。南安市和石狮市地下水位的下降与 2006 年的地下水开发利用模式有很大关系，由 2006 年地下水开发利用现状分析，池店镇、陈埭镇、水头镇地下水开采量均超过可持续开采量，地下水的持续超采导致了地下水的下降。

图 5.29　模拟初期潜水位等值线图

图 5.30　模拟的 30 年后潜水位等值线图

第6章 地下水污染风险评价

地下水污染的风险可以定义为由自发的自然原因或人类活动（对自然或社会）引起的，通过地下水环境介质传播的，能对人类社会及环境产生破坏、损害等不良影响后果事件的发生概率及其后果。地下水污染风险也指地下水遭受已知的或潜在污染的程度，其受体是人体健康和环境安全，其经历的时间尺度一般是长期的。从地下水污染的来源和传播分析，影响地下水污染风险的关键3个因素为：地表污染源、风险传播路径和水体净化技术（图6.1）。地表污染源包括点源和非点源污染源。点源污染源可能是已知的或潜在的，然而很难知道土地利用类型、污染时间和点污染概率之间的关系。因此，点污染源风险分数一般由专家评判法给定。地表污染源包括不同土地利用源、化学物质、细菌等几类。土地利用类型包括自然、农业、牲畜、居民、商业服务、公众绿化设施、工业和公众设施几类。地下水污染的潜在风险随着不同的土地利用类型、化学物质和经历时间变化。影响污染源在地下水中运移主要在于传输介质，因此评价地下水污染迁移转化一般采用数值模型法，模拟污染物在介质中的稀释、延迟和更新过程。污染水体净化技术主要是对已污染水体的处理技术，可降低该类污染源的浓度，降低对人体健康和环境的影响。

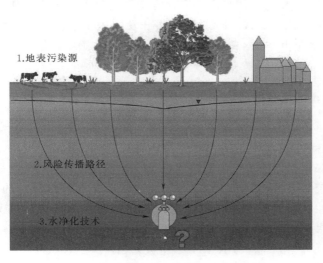

图6.1 地下水污染风险的3个关键因素

就国内外研究来说，进行地下水污染风险评价一般采用风险指数法，即提出影响地下水污染风险的关键因素，确定指标体系，通过合适方法确定各指标在体系中的权重，采用层次分析法计算风险指数，从而评估地下水污染的风险。如果污染源只有一种，可通过建立确定性的地下水溶质运移模型来模拟不同情景下的运移分布规律或随机分布模型进行模拟，判断地下水污染风险。不同方法的选择取决于研究区的实际条件。据泉州市沿海地区实际条件，本研究选择的方法是指标体系法。

泉州市沿海地区地下水污染风险评估包括污染风险评价和地下水脆弱性两方面。污染风险评价针对不同污染源的分布、浓度及可能对地下水的影响；而地下水脆弱性反映污染物进入地下水中从而影响地下水的程度，通过两指标的权重叠加可获得地下水污染风险指数的分布。

6.1　地下水脆弱性评价

脆弱性是地下水系统的本征特性，表征该系统的水质对人为和/或自然作用的敏感性。大多数学者认为，地下水脆弱性可定义为，污染物从主要含水层顶部以上某位置介入后，到达地下水系统的某个特定位置的倾向或可能性。地下水脆弱性显示天然环境对地下水污染保护程度的差异。通常，地下水污染程度是由污染源到含水层之间的污染物天然衰减过程所决定的。地下水脆弱性评价有助于分析地下水系统的防污能力，提高对地下水资源安全保护的认识，因此它是进行地下水资源评价的一个重要补充。

DRASTIC 模型是应用最广的一种方法，它是由美国水井协会（NWWA）和美国环境保护局（EPA）1985 年合作开发的用于地下水脆弱性评价的一种方法，于 1991 年由 Lobo-Ferreira 博士引入欧共体国家，作为欧共体各国地下水脆弱性评价的统一标准。

6.1.1　评价单元划分和评价区指标参数的确定

根据泉州市沿海地区的实际情况，采用矩形网格法进行评价单元划分，同时结合已有各种图形资料，对一个单元内评价因子状态有突变的单元进行人工调控，以确保单个评价单元内的各评价因子状态具有相对均一性。

在选定较恰当的评价单元后，再确定各单元上各评价因子的评分和权重，然后用防污性能指数将 7 个因子综合起来，用加权的方法计算 DRASTIC 指数，即地下水系统防污性能指数：

$$\text{DRASTIC 指数} = \sum W_i R_i \tag{6.1}$$

式中：W_i 为评价因子的权重；R_i 为评价因子的评分。

6.1.2 评价因子及其评分体系

根据评价区地质环境条件，DRASTIC 模型选取地下水埋深（D）、降雨入渗补给量（R）、含水层岩性（A）、土壤介质（或称岩石风化带—松散层）（S）、地形坡度（T）、非饱和带介质岩性（I）和含水层渗透系数（C）7 项作为地下水系统防污性能评价因子，按照各因子的特征逐项进行评分。地下水埋深决定地表污染到达含水层之前所经历的各种水文地球化学过程。它影响污染物与包气带岩土体接触时间的长短，进而控制着污染物的各种物理化学过程，因而决定污染物进入地下水中的可能性。模型规定净补给量为单位面积内渗入地表到达地下水水位的水量。含水层中的水流系统受含水层介质的影响，而污染物的运移路线以及运移路径的长度由含水层中水流所控制。土壤介质是指包气带最上部，生物活动较强烈的部分，土壤介质强烈影响地表入渗的补给量，同时也影响污染物垂直向包气带运移的能力。而且在土壤层中污染物可发生过滤、生物降解、吸附和挥发等一系列过程，这些过程大大削减了污染物向下迁移的量。土壤有机质含量是影响农药削减的一个重要指标。地形控制着污染物是被冲走或是较长时间留在某一地表区域渗入地下。包气带介质的类型决定着土壤层和含水层之间岩土介质对污染物的削减特性。水力传导系数反映含水介质的水力传输性能。综合评判的分值越大，其防污性能越差，反之，防污性能越好（表 6.1）。

表 6.1　　　　　　　　　　　　评价因子及其评分一览表

评价因子	项目（或有关参数）与评分
地下水埋深/m 评分	0～1 为 10 分，1～2 为 9 分，2～5 为 8 分，5～10 为 6 分，10～15 为 4 分，15～20 为 2 分，>20 为 1 分
降雨入渗补给量/(mm/a) 评分	0～100 为 1 分，100～150 为 4 分，150～200 为 8 分，>200 为 10 分
含水层岩性评分	页岩为 1～3 分，变质岩与火成岩为 2～5 分，风化岩与火成岩为 3～5 分，层状砂岩与页岩为 5～9 分，块状砂岩为 4～9 分，块状石灰岩为 4～9 分，砂砾岩为 2～10 分，岩溶发育灰岩为 9～10 分
土壤介质类别评分	薄层或裸露为 10 分，砂石为 10 分，砂为 9 分，未压实和团聚土为 7 分，砂质亚黏土为 6 分，粉砂质亚黏土为 4 分，黏土质亚黏土为 3 分，垃圾为 2 分，淤泥为 2 分，压实和团聚黏土为 1 分
地形坡度/% 评分	0～2 为 10 分，2～5 为 9 分，6～12 为 3 分，12～18 为 3 分，>18 为 1 分
非饱和带介质类型评分	承压层为 1 分，粉砂为 2～6 分，页岩为 2～5 分，石灰岩为 2～7 分，砂岩为 4～8 分，板状石灰岩与砂质页岩为 4～8 分，含粉砂和黏土的砾石为 4～8 分，含粉砂和黏土的砾石为 2～8 分，变质岩与火成岩为 6～9 分，砾岩与玄武岩为 2～9 分，岩溶为 8～10 分
含水层渗透性系数/(m/d) 评分	<5 为 1 分，5～10 为 2 分，10～20 为 4 分，20～30 为 6 分，30～40 为 8 分，>40 为 10 分

6.1.3　评价指标权重

用上述 7 个指标对地下水系统防污性能进行评价，对于每一个指标参数给定一个相对的权重，其范围为 1～5，它反映了各个指标参数的相对重要程度。对于地下水污染影响最显著的指标的权重为 5，影响最小的指标的权重为 1。各指标权重分配见表 6.2。

表 6.2　　　　　　　　　　各 指 标 权 重 分 配 表

评价指标	权重
地下水埋深	5
降雨入渗补给量	4
含水层岩性	3
土壤介质	2
地形坡度	1
非饱和带介质岩性	5
含水层渗透系数	3

6.1.4　地下水系统防污性能相对程度评价

将研究区离散为若干个 30m×30m 的网格。DRASTIC 模型所需的参数是根据泉州市沿海地区地下水工作的成果整理。地下水位埋深等值线是以丰水期水位统测数据进行插值生成，因为在高地下水水位时地下水更易发生污染。净补给量主要是根据降雨量和入渗补给规律确定。含水层介质、土壤介质、非饱和带介质和含水层渗透系数依据的是 1979 年福建省水文地质大队的区域水文地质勘探成果、泉州市水利水电工程勘察院工程勘探和已进行的抽水试验结果。地形坡度是依据 25 万数字地形图进行坡度分析生成。在数据准备完毕后，应用 ARCGIS 的空间分析功能，最终确定了泉州市沿海地区地下水埋深、净补给量、含水层岩性、土壤介质、地形坡度、非饱和带介质和含水层传导性等因子的指标值，其结果如图 6.2～图 6.8 所示。

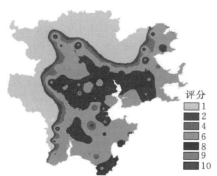

图 6.2　地下水埋深因子分值

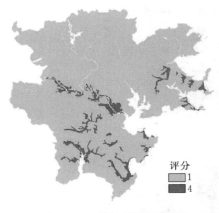

评分
1
4

图 6.3 净补给量因子分值

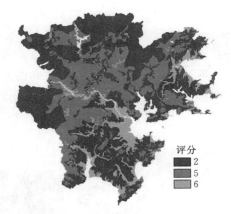

评分
2
5
6

图 6.4 含水层岩性因子分值

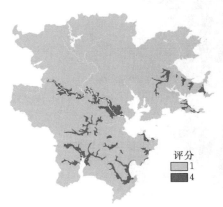

评分
1
4

图 6.5 土壤介质因子分值

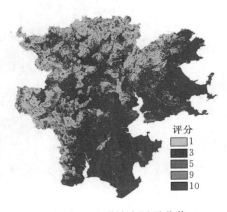

评分
1
3
5
9
10

图 6.6 地形坡度因子分值

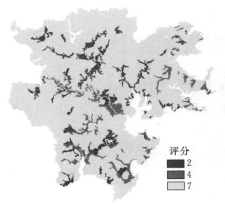

评分
2
4
7

图 6.7 非饱和带介质因子分值

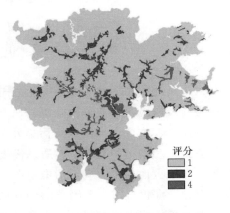

评分
1
2
4

图 6.8 含水层渗透系数因子分值

依据式（6.1）和表6.2确定的各指标的权重，利用 ARCGIS 进行空间分析，得到 DRASTIC 综合指标值分布图，如图 6.9 所示。从 DRASTIC 综合指标分布图可以看出：山区部分是最不易污染的；冲洪积平原是最易污染的；其次易污染的区域是山区和平原之间的部分。研究区易污染区是由于该地区人口密度大，生产生活垃圾和小工业废水管理不善，加之大量废弃的露天井穿透含水层，因其本身污染而加大了其周围含水层的污染风险。这一结果与流域实际水文地质条件基本一致。

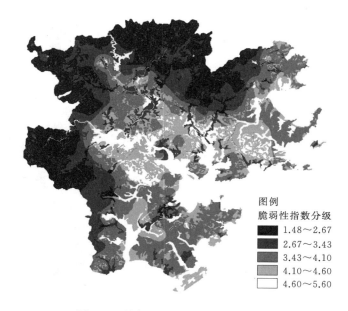

图 6.9　研究区 DRASTIC 评分分区图

图例
脆弱性指数分级
1.48～2.67
2.67～3.43
3.43～4.10
4.10～4.60
4.60～5.60

6.2　污 染 荷 载 风 险 评 价

人类土地利用活动和污染源荷载是可能引起地下水环境恶化的主要因子。污染源荷载风险是指各种污染源对地下水产生污染的可能性。它取决于人为污染源的类型、位置、规模以及污染物的迁移转化等。用污染物的量（规模），排放方式，污染物的类型，性质来代表污染源的污染特性，确定污染荷载风险等级。选取土地利用类型、污染物产生量、毒性、迁移性作为评价因子，根据专家打分及评价方法，各因子的评分见表6.3。

各因子的权重值参照相关文献层次分析法计算出的数值：土地利用、污染物量、毒性、迁移性的权重分别为 0.47、0.16、0.26、0.11，用污染荷载风险指数代表污染荷载风险评价的结果，污染荷载风险指数高则载荷高，反之亦然，计算公式如下：

$$Q_j = \sum_{i=1}^{m} c_j d_i \quad (j=1, 2, \cdots, n; \ i=1, 2, \cdots, m) \quad (6.2)$$

式中：Q_j 为第 j 单元的污染荷载风险指数；i 为评估因子；c_j 为第 j 单元的评估因子得分；d_i 为评估因子 i 的权重；n 为单元的数量；m 为评估因子的数量。

表 6.3   污染荷载风险评价因子及其评分

土地利用		污 染 物					
类型	范围	量	范围	毒性	范围	迁移性	范围
绿地	1	小	1	小	1	低	1
居民用地	3	较小	3	较小	3	较低	3
工业用地	9	中	5	中	5	中	5
		较大	7	较大	7	较高	8
		大	10	大	10	高	10

    研究区的土地利用现状图由遥感图像解译获得，前期调研工作调查了全市主要污染企业所在地及污染物排放量和污染物种类，由此得到工业污染源分布及污染物评分。在 ARCGIS 中进行空间分析计算污染荷载风险指数。将当地土地利用现状重分类为绿地、居民用地和工业用地（图 6.10，计算时将湖泊包括在绿地范围之内）。污染源主要有农田面状污染源和工业点源。农田面状污染源主要分布在西部山区、东南部平原以及山区的河谷盆地。调查显示泉州主要工业污染源分布在泉州市丰泽区、鲤城区、洛江区北部、泉港区东部，石狮市和晋江市、惠安中部及西南部、南安石井、水头、洪濑、永春等地。

    将研究区离散为 30m×30m 的网格，根据每个单元内污染物的产生量、毒性、迁移性和土地利用类型及表 6.3 确定的权重值，在 ARCGIS 中计算污染指数，计算结果如图 6.11 所示。将计算出的污染荷载风险指数分为 5 个等级：低 0～0.47，较低 0.47～1.77，中 1.77～7.73，较高 7.73～8.28，高 8.28～8.98，污染荷载风险指数最高和较高的地区分布在工业密集区，主要在研究区的中东部、南部和东南沿海地区。在东南部平原以及山区的河谷盆地多为耕地，农业化学品（如除草剂和硝酸盐源）施用使得这些区域污染指数中等。

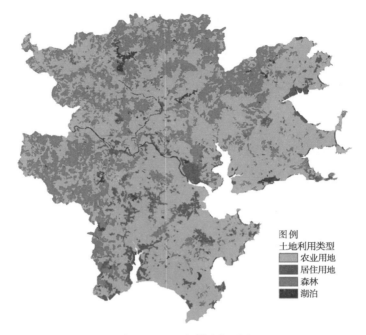

图 6.10　土地利用分区图

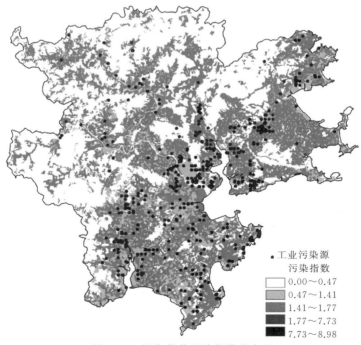

图 6.11　污染荷载风险指数分布图

6.3 地下水污染风险指数评价

如果没有敏感的地下水污染负荷,地下水不存在污染风险。低脆弱性和高污染负荷将引起较高的地下水污染风险;同时,高脆弱性和高污染负荷也引起高的地下水污染风险。地下水污染风险由地下水污染荷载风险和脆弱性两部分构成,但两部分的权重不易确定,因此假定这两部分权重相同,即各取 0.5,地下水污染风险指数由下式确定。

$$R = \frac{Q + D}{2} \tag{6.3}$$

式中:R 为地下水污染风险指数;Q 为污染荷载风险指数;D 为地下水脆弱性。

6.3.1 地下水污染风险指数评价

利用 ARCGIS 软件对泉州地区进行地下水污染荷载风险评价计算得到泉州市沿海地区的地下水污染风险指数分布,如图 6.12 所示。研究区分 5 级:低风险等级取值范围为 0.98~1.90;较低风险等级取值范围为 2.00~2.50;中风险等级取值范围为 2.60~3.00;较高风险等级取值范围为 3.10~4.60;高风险等级取值范围为 4.70~7.00。

6.3.2 地下水污染风险防治建议

从泉州市现有的地下水开发利用模式看,基本上为分散性供水,仅局部构造发育强烈带存在中、小型水源。因此,从实施地下水资源可持续利用的综合措施上讲,其对策应包括优化调整地下水开采布局,加大沿江两岸地下水的开发利用,适度调减晋江和石狮市的地下水开采;实施多元化水源开源方案,建设城市应急后备水源地等地下水源工程,提高城市供水安全保障程度;开发利用咸水资源;利用地下水空间和雨洪水资源,实施含水层恢复工程和地下水与地表水联合调度;开展和加强地质环境动态监测与研究;建立泉州市地下水资源与环境地质信息系统等方面。地下水污染风险应与地下水开发利用与工农业污染源分布密切相关。研究区的地下水污染风险可按红、黄、蓝三区管理。

1. 地下水污染风险红区(地下水污染风险指数为 3.1~7)

研究区域主要集中在晋江、石狮、惠安、南安沿海区域,主要是大型工业园区所在地。从污染源来说,应该加强工业污染防治,增大工业污水排放监管力度。而且,近海区地下水矿化度高,在地下水开采较大区域应适当减少开采量,需要实施最严格的地下水资源管理政策,以有效控制地下水资源的不合理

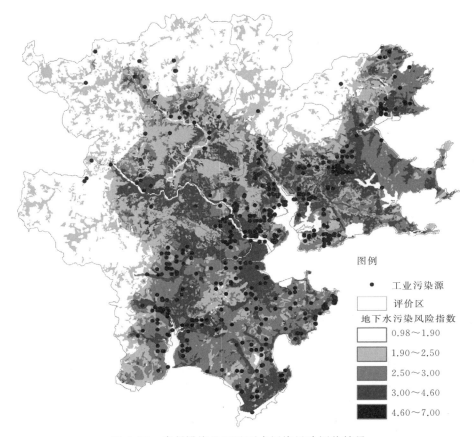

图例

　● 工业污染源

　□ 评价区

　地下水污染风险指数

　□ 0.98～1.90

　▨ 1.90～2.50

　▨ 2.50～3.00

　▨ 3.00～4.60

　■ 4.60～7.00

图 6.12　泉州沿海地区地下水污染风险评价结果

开发和利用，积极开展地下水资源保护工作。在地下水利用上，还应坚持地表水和地下水统一调度、统一规划的原则，统筹考虑不同用水户（生产、生活、生态）和不同水源（地表、地下、其他水源等）之间、需求与供给之间、开发利用与保护之间的关系，统筹考虑地下水开发利用现状、存在问题和未来一定时期内经济社会发展对地下水的需求，合理规划地下水的开发利用与保护。在地下水开采条件和水质较好的区域，优先安排生活饮用水，研究区的水资源开发利用采取以地表水为主、以地下水为辅的政策。

2. 地下水污染风险黄区（地下水污染风险指数为 2～3）

研究区主要位于中部泉州、南安、惠安、石狮的农业作物种植区和东部、南部人口密集区。农村有近 50% 的饮用来自地下水。随着近几年社会经济的快速发展，工业废水和生活污水对地下水体的污染也越来越严重，也是造成泉州市农村饮水不安全的重要因素之一。这些饮水不安全因素对农民的身体健康和生命安全造成了很大的危害。实施农村饮水安全工程，改善农民饮水条件，保障农民的身体健康和生命安全，是解决三农问题和促进社会和谐发展的重要内容之一。

对污染严重的区域，提出相应的保护和治理、修复的措施建议。对各超采区，恢复的具体措施应科学规划，从地下水超采区水资源条件和实际状况出发，结合当地经济社会发展和生态建设需要，科学规划地下水资源开发利用总体布局，明确不同阶段超采区的治理目标。通过建设地下水相关的管理条例来约束当地无秩序的地下水开采，制定一定的奖罚措施；还需要通过取水计量设施来控制和统计地下水的开采；对于新增地下水井，要进行登记和市水利局审批。

还应提倡使用高效、安全、低毒农药产品，提高农药使用率，以减少农业面源污染，还需要实施严格的地下水管理政策；保证区域的水资源问题不进一步恶化并趋于好转。

3. 地下水污染风险蓝区（地下水污染风险指数小于2）

研究区主要位于南安、惠安等东北部山区，表示目前条件区域地下水水风险较小，而且地下水位处于正常范围内，其开发、利用和保护政策较为合理，可实施常规的地下水资源管理政策。

在研究仍缺乏对地下水污染的监测与管理，因此应结合环保部门，加强对电镀等工企业集控区排污口的监测与管理；还应依靠当地政府和法院对废水未经处理任意排放的负责人进行经济和法律处罚；还应设置必需的地下水监测点，监测内容包括地下水质、水位和沿海区域地下水向海排泄量的动态监测。

第7章 地下水开发利用潜力评价

7.1 远景地下水需水预测

泉州市沿海地区水资源需水预测结合泉州市实际用水情况进行计算。

7.1.1 远景水资源需水计算方法

需水预测按全国水资源综合规划中的"新口径"预测，即划分为生活、生产和生态环境3类，各分类口径及其层次见表7.1。社会经济发展指标预测主要包括人口规模预测和各项经济指标预测。人口规模预测在现状分析的基础上，根据泉州市实际情况，对全市人口的自然增长、机械增长及流动人口的变动趋势进行预测，测算出常住人口总规模。经济预测主要依据泉州市发展"四个推进"的战略目标及经济发展趋势，结合《泉州市国民经济和社会发展第十一个五年规划纲要》《泉州市城市总体规划（修编）》等相关成果以及重点产业规划，综合考虑区域水资源状况，优化第一、第二和第三产业比例，确定未来各项经济发展指标。

表 7.1　　　　　　需用水户分类口径及其层次结构

一级	二级	三级	四级	备 注
生活	生活	城镇生活	城镇居民生活	城镇居民生活用水（不包括公共用水）
		农村生活	农村居民生活	农村居民生活用水（不包括牲畜用水）
生产	第一产业	种植业	水田	水稻等
			水浇地	小麦、玉米、棉花、油料
		林牧畜渔业	灌溉林果地	果树、苗圃、茶园等
			牲畜	大、小牲畜
			鱼塘	鱼塘补水
	第二产业	工业	采掘、石化、食品、木材、建材、机械、电子	
		建筑业	建筑业	建筑业
	第三产业	服务业	服务业	商业、饮食业、货运邮电业、其他服务业、城市消防、公共服务及城市特殊用水
生态环境	河道外	生态环境功能	美化城市景观	绿化用水、城镇河湖补水、环境卫生用水等
		生态环境建设	生态环境建设	地下水回补、防沙固沙、防护林草、水土保持等

农业需水预测包括种植业需水预测和林牧渔业需水预测。种植业按灌溉类型分为水田、水浇地（包括小麦、玉米、棉花、油料等），林牧渔业分为林果地、茶园、牲畜和鱼塘用水等。考虑区域水资源状况，泉州市今后将加大农业节水力度，具体包括：①以"稳量增效"为农业的主要发展模式，充分挖掘单产潜力，控制灌溉面积发展总体规模；②优化灌溉结构；③大力发展海水养殖面积。

7.1.2 远景地下水供需结果分析

泉州市沿海地区包括泉州市、晋江市、石狮市、惠安县和南安市东部平原区范围，其需水预测见表 7.2。泉州市沿海地区 2006 年总取水量 20.25 亿 m^3，在保证率为 50% 时未来 5 年、未来 15 年分别为 2.43 亿 m^3、2.74 亿 m^3。不同保证率下泉州市沿海地区地下水资源量和可开采资源量见表 7.3。

表 7.2　　　　　泉州市沿海地区远景水资源需水预测表　　　　单位：亿 m^3

水平年	保证率	农业	工业	第三产业	生活	生态环境	合计	地下水所占比例/%	地下水开采
2006	实际用水	5.00	10.67	0.00	3.46	1.12	20.25	10.52	2.13
未来 5 年	50%	3.84	13.83	1.54	2.90	1.04	23.14	10.52	2.43
	75%	4.09					23.40		2.46
	90%	4.47					23.78		2.50
未来 15 年	50%	3.04	16.01	2.37	3.42	1.23	26.06	10.52	2.74
	75%	3.26					26.27		2.76
	90%	3.57					26.59		2.80

表 7.3　　不同保证率下泉州市沿海地区地下水资源量和可开采资源量

		多年平均	$P=50\%$	$P=75\%$	$P=90\%$
降雨量/mm		1265	1255	1050	900
地下水资源量/(亿 m^3/a)		4.39	4.35	3.37	2.92
地下水可开采资源量/(亿 m^3/a)		1.75	1.74	1.45	1.28
开采潜力系数	2006 年	0.82	0.82	0.68	0.60
	未来 5 年	0.72	0.72	0.59	0.51
	未来 15 年	0.64	0.64	0.53	0.46

2006 年泉州市沿海地区地下水开采量为 2.13 亿 m^3，占用水的 10.52%。在未来 5 年和未来 15 年泉州市可开发利用水资源潜力较小，从水资源管理上

要加大节水力度，同时挖掘山美水库、金鸡桥闸等现有工程的供水潜力，完善以金鸡桥闸为龙头的供水网络建设，加快建设洛江八峰水库，研究碧坑水库建设问题，考虑以闽江北水南调工程解决其资源型缺水问题。对于地下水的开发利用，如果在未来 5 年和未来的 15 年地下水供水占总供水的比例不变，即保持 10.52% 的比例，保守考虑的地下水在保证率为 50% 时供水量分别为 2.43 亿 m^3、2.74 亿 m^3。在多年平均、$P=50\%$、$P=75\%$ 和 $P=90\%$ 条件下泉州市沿海地区地下水可开采资源量为 1.75 亿 m^3/a、1.74 亿 m^3/a、1.45 亿 m^3/a 和 1.28 亿 m^3/a（表 7.3），则在 2006 年多年平均和 $P=50\%$ 条件下地下水采补基本保持平衡，而 $P=75\%$ 和 $P=90\%$ 时地下水略有超采；在未来 5 年和未来 15 年多年平均、$P=50\%$、$P=75\%$ 和 $P=90\%$ 条件下地下水均处于超采状态。在多年平均、$P=50\%$、$P=75\%$ 和 $P=90\%$ 保证率下泉州市沿海地区地下水资源量分别为 4.39 亿 m^3/a、4.35 亿 m^3/a、3.37 亿 m^3/a 和 2.92 亿 m^3/a，裂隙水量比孔隙水量大，但开采困难，考虑到南安市存在构造裂隙水的开发潜力，如果这部分水量能够加以开发，开发这部分水量，则泉州市沿海地区在未来 5 年多年平均、$P=50\%$ 和 $P=75\%$ 时地下水可基本达到采补平衡，而在 $P=90\%$ 时地下水仍将处于过量开采，但按照以丰补歉的原则，枯水期的地下水开采量在丰水期会得到恢复，因此对于未来 5 年来说地下水的用水是有保障的。对于未来 15 年的水平年，即使开发利用构造裂隙水，在多年平均和 $P=50\%$ 条件下地下水略有超采，地下水供水保障程度不高，而且这种开采模式是不可持续的，为缓和将来的供需矛盾，一方面可从提高地表水资源的利用程度；另一方面从地下水来说可提高裂隙水的开发利用率。

7.2　地下水开发利用潜力计算

7.2.1　地下水开发潜力计算方法

地下水资源开采潜力是指在取得现状开采量与可开采量基础上，以地下水系统或行政区划为基本单元，采用开采潜力指数法对深、浅层地下水的开采能力进行的评价。根据当前研究区水资源利用现状，将矿化度小于 1g/L 的地下水作为开采资源。其数学表达式为

$$P = \frac{Q_允}{Q_采} \tag{7.1}$$

式中：P 为地下水开采潜力指数；$Q_允$ 为地下水可开采量；$Q_采$ 为地下水实际开采量。

根据近年来国内浅层地下水潜力评价中通用的方法，P 值判别标准见表 7.4。

表 7.4　　　　　　　　　　地下水潜力评价判别标准

P 值	评价结果
$P>1.2$	有开采潜力
$1.2 \geqslant P \geqslant 0.8$	采补平衡区
$0.6 \leqslant P<0.8$	潜力轻度不足
$0.4 \leqslant P<0.6$	潜力中度不足
$P<0.4$	潜力严重不足

地下水开发前景也可用地下水开采潜力指数来表征，其分级见表 7.5。

表 7.5　　　　　　　　　　地下水开发前景分级

P 值	地下水开发前景分级
$P \geqslant 1.4$	可扩大开采区
$1.2 \leqslant P<1.4$	可适度扩大开采区
$0.8 \leqslant P<1.2$	维持现状开采区
$0.6 \leqslant P<0.8$	适度调减开采区
$P<0.6$	限制开采区

7.2.2　地下水开发潜力计算和评价

根据计算的各行政区的地下水可开采资源量，得到各行政区 2006 年开采潜力指数（表 7.6）。从评价结果看，泉州市区的鲤城区、丰泽区、洛江区和泉港区地下水开采量小于可开采资源量，可扩大开采；南安市东部平原区除霞美镇开采量较大开采潜力指数为 0.5 外，其他乡镇区基本为可扩大开采区、可适度扩大开采区和维持现状开采区；惠安县大部分乡镇区地下水采补平衡，可维持现状；晋江市各乡镇区地下水基本为适度调减开采区和维持现状开采区，说明地下水开采量较大，如晋江的英林、池店镇、陈埭镇、深沪镇，应当适当限制地下水的开采；石狮市大部分乡镇属地下水限制开采区，如灵秀镇、宝盖镇，需要适度减少地下水开采量。从县市行政区评价结果可知，泉州市区可扩大开采，南安市东部平原区为维持现状开采区，惠安县为适度调减开采区，晋江市和石狮市为限制开采区。从泉州市沿海地区来说，地下水开采分级为维持现状开采区，说明区域上地下水开发利用使用不均匀。

表 7.6　　　　　泉州市沿海地区 2006 年地下水开采潜力计算

行政区		地下水可开采资源量/万 m³	2006 年开采现状/万 m³	地下水开采潜力指数	地下水开发前景分级
晋江市	池店镇	145.17	490.08	0.30	限制开采区
	罗山镇	423.37	378.79	1.12	维持现状开采区
	永和镇	297.29	511.64	0.58	限制开采区
	龙湖镇	358.89	478.61	0.75	适度调减开采区
	英林镇	179.88	395.94	0.45	限制开采区
	内坑镇	330.96	490.35	0.67	适度调减开采区
	紫帽镇	113.32	111.73	1.01	维持现状开采区
	磁灶镇	460.91	814.66	0.57	限制开采区
	陈埭镇	8.52	704.15	0.01	限制开采区
	青阳镇	113.73	134.75	0.84	维持现状开采区
	安海镇	570.53	685.72	0.83	维持现状开采区
	东石镇	380.71	626.43	0.61	适度调减开采区
	金井镇	272.03	391.68	0.69	适度调减开采区
	深沪镇	131.12	293.01	0.45	限制开采区
	西滨镇	0	27.69	0	限制开采区
	合计	3786.42	6536.78	0.58	限制开采区
惠安县	螺城镇	181.83	219.52	0.83	维持现状开采区
	螺阳镇	291.14	471.77	0.62	适度调减开采区
	涂寨镇	278.37	301.55	0.92	维持现状开采区
	山霞镇	217.97	197.32	1.10	维持现状开采区
	东岭镇	158.21	372.81	0.42	限制开采区
	东桥镇	227.54	336.29	0.68	适度调减开采区
	崇武镇	123.29	373.54	0.33	限制开采区
	黄塘镇	332.60	418.64	0.79	适度调减开采区
	紫山镇	463.39	296.68	1.56	可扩大开采区
	辋川镇	302.06	465.26	0.65	适度调减开采区
	洛阳镇	266.21	312.18	0.85	维持现状开采区
	东园镇	154.55	359.73	0.43	限制开采区
	张坂镇	350.05	335.53	1.04	维持现状开采区
	百崎乡	40.54	149.04	0.27	限制开采区
	净峰镇	214.88	338.38	0.64	适度调减开采区
	小岞镇	50.95	88.25	0.58	限制开采区
	合计	3653.56	5036.46	0.73	适度调减开采区
泉州市区	鲤城区	403.38	193.00	2.09	可扩大开采区
	丰泽区	742.19	425.00	1.75	可扩大开采区
	洛江区	1590.25	365.00	4.36	可扩大开采区
	泉港区	1539.57	1021.00	1.51	可扩大开采区

续表

行政区		地下水可开采 资源量/万 m³	2006 年开采 现状/万 m³	地下水开采 潜力指数	地下水开发 前景分级
南安市 东部平原	溪美街道	350.94	244.42	1.44	可扩大开采区
	柳城街道	347.76	248.55	1.40	可扩大开采区
	美林街道	325.14	349.91	0.93	维持现状开采区
	洪濑镇	512.48	647.58	0.79	适度调减开采区
	洪梅镇	298.45	219.21	1.36	可适度扩大开采区
	康美镇	371.46	304.38	1.22	可适度扩大开采区
	丰州镇	300.08	163.84	1.83	可扩大开采区
	霞美镇	248.44	499.04	0.50	限制开采区
	官桥镇	849.05	848.86	1.00	维持现状开采区
	水头镇	919.60	1051.00	0.87	维持现状开采区
	石井镇	605.79	713.67	0.85	维持现状开采区
	合计	5129.19	5290.41	0.97	维持现状开采区
石狮市区	石狮市区	23.01	26.46	0.87	维持现状开采区
	鸿山镇	37.24	0	1.00	维持现状开采区
	锦尚镇	32.91	0	1.00	维持现状开采区
	灵秀镇	60.98	354.23	0.17	限制开采区
	宝盖镇	70.06	423.45	0.17	限制开采区
	蚶江镇	131.00	419.23	0.31	限制开采区
	祥芝镇	99.26	225.29	0.44	限制开采区
	永宁镇	168.23	357.25	0.47	限制开采区
	合计	622.69	2442.38	0.25	限制开采区
泉州市沿海地区		17467.25	21310.03	0.82	维持现状开采区

7.2.3 地下水应急水源地建设讨论

满足一定数量和质量要求的水源是建设地下水库的先决条件。拦蓄当地地表径流是地下水的主要补给水源，虽然这一点在泉州市容易实现，但研究区内作为地下水库的空间较小。通过前期的实地调查，山前冲积扇带坡度较陡，含水层厚度不大，未发现有较大储存空间且适宜建设地下水库的场址，因此认为在泉州市沿海地区建设大储存空间地下水库的可能性不大。目前尚未发现适合进行大型地下水库建设的地质条件。

在沿海城市和以地表供水系统为主的城市，一旦地表供水系统出现问题，将会使本来就缺水的城市雪上加霜，其供水危机将会导致人类生存的危机。前期调查和勘探已发现南安市存在构造地下水利用的潜力，其水量可满足城市应急供水的要求，但出水量仍需钻探，补充水文地质试验，来证实和核实开采资源。

为应对可能存在的城市供水危机，基于前期工作基础，绘制了泉州市沿海地区含水层导水性图，如图 7.1 所示。对于裂隙水区，导水性一般不大，渗透系数在 0.54～3.83m/d，然而断层的交错程度为裂隙水的应急开发提供了可能。如在北西向和北东向断层交汇处，一般导水性较好，如惠安县涂寨镇西部含水介质的渗透系数达到 17.00m/d，最大单井出水量可达 900m³/d；再如泉州市马甲镇附近的充水断裂，泉流量曾高达 2.05L/s，流量四季变化不大。

图 7.1　泉州市沿海地区含水层导水性和地下水类型

7.3 地下水供需平衡分析

7.3.1 供用水现状分析

根据各市地下水可开采量以及 2006 年地下水开采情况，对现状年地下水的供用水进行平衡分析，得出现状情况下各市区地下水余缺量。表 7.7 为现状年各市地下水供用水平衡分析结果。从表中可以看出，泉州市区地下水尚有开发潜力，还可继续加大开采力度，但其他市县均出现超采现象。超采最严重的为石狮市，超采率已达 290% 之多，其次为晋江市，超采率约为 72%。

表 7.7　　　　　现状年各市地下水供用水平衡分析结果

行政区	地下水可开采量/万 m³	现状用水量/万 m³	平衡分析		
			可开发潜力/万 m³	超采量/万 m³	超采率/%
泉州市区	4275.39	2004.00	2271.39		
晋江市	3786.42	6536.78		2750.36	72.64
石狮市	622.69	2442.38		1819.69	292.23
南安市东部平原	5129.19	5290.41		161.22	3.14
惠安县	3653.56	5036.46		1382.90	37.85
合计	17467.25	21310.03		3842.78	22.00

7.3.2 供需平衡分析

根据计算的不同保证率下的地下水可开采量，以及未来年（2011 年、2020 年）各乡镇需水量（假定各市区及乡镇的需水量同比增长，将总的需水量分配到各乡镇），对未来年供需水量进行平衡分析，具体分析结果见表 7.8～表 7.11。

表 7.8　　　　　多年平均情况下乡镇区未来供需平衡分析结果

行政区	乡镇单元	地下水可开采量/万 m³	规划年需水量/万 m³		未来 5 年平衡分析		未来 15 年平衡分析	
			未来 5 年	未来 15 年	余缺水量/万 m³	缺水率/%	余缺水量/万 m³	缺水率/%
晋江市	池店镇	145.2	593.3	678.4	−448.2	75.5	−533.3	78.6
	罗山镇	423.4	458.6	524.4	−35.2	7.7	−101.0	19.3
	永和镇	297.3	619.4	708.3	−322.2	52.0	−411.0	58.0
	龙湖镇	358.9	579.5	662.6	−220.6	38.1	−303.7	45.8
	英林镇	179.9	479.4	548.1	−299.5	62.5	−368.2	67.2
	内坑镇	331.0	593.7	678.8	−262.7	44.3	−347.8	51.2

续表

行政区	乡镇单元	地下水可开采量/万 m³	规划年需水量/万 m³		未来 5 年平衡分析		未来 15 年平衡分析	
			未来 5 年	未来 15 年	余缺水量/万 m³	缺水率/%	余缺水量/万 m³	缺水率/%
晋江市	紫帽镇	113.3	135.3	154.7	−22.0	16.2	−41.4	26.7
	磁灶镇	460.9	986.3	1127.8	−525.4	53.3	−666.8	59.1
	陈埭镇	8.5	852.5	974.8	−844.0	99.0	−966.3	99.1
	青阳镇	113.7	163.1	186.5	−49.4	30.3	−72.8	39.0
	安海镇	570.5	830.2	949.3	−259.7	31.3	−378.7	39.9
	东石镇	380.7	758.4	867.2	−377.7	49.8	−486.5	56.1
	金井镇	272.0	474.2	542.2	−202.2	42.6	−270.2	49.8
	深沪镇	131.1	354.7	405.6	−223.6	63.0	−274.5	67.7
	西滨镇	0	33.5	38.3	−33.5	100.0	−38.3	100.0
	合计	3786.4	7914.1	9049.0	−4127.6	52.2	−5262.6	58.2
惠安县	螺城镇	181.8	265.8	303.9	−83.9	31.6	−122.1	40.2
	螺阳镇	291.1	571.2	653.1	−280.0	49.0	−361.9	55.4
	涂寨镇	278.4	365.1	417.4	−86.7	23.8	−139.1	33.3
	山霞镇	218.0	238.9	273.2	−20.9	8.8	−55.2	20.2
	东岭镇	158.2	451.4	516.1	−293.2	64.9	−357.9	69.3
	东桥镇	227.5	407.1	465.5	−179.6	44.1	−238.0	51.1
	崇武镇	123.3	452.2	517.1	−329.0	72.7	−393.8	76.2
	黄塘镇	332.6	506.8	579.5	−174.2	34.4	−246.9	42.6
	紫山镇	463.4	359.2	410.7	104.2	0	52.7	0
	辋川镇	302.1	563.3	644.1	−261.2	46.4	−342.0	53.1
	洛阳镇	266.2	378.0	432.2	−111.7	29.6	−165.9	38.4
	东园镇	154.6	435.5	498.0	−281.0	64.5	−343.4	69.0
	张坂镇	350.1	406.2	464.5	−56.2	13.8	−114.4	24.6
	百崎乡	40.5	180.4	206.3	−139.9	77.5	−165.8	80.4
	净峰镇	214.9	409.7	468.4	−194.8	47.5	−253.5	54.1
	小岞镇	51.0	106.8	122.2	−55.9	52.3	−71.2	58.3
	合计	3653.6	6097.6	6972.1	−2444.1	40.1	−3318.5	47.6
泉州市区	鲤城区	403.4	233.7	267.2	169.7	0	136.2	0
	丰泽区	742.2	514.5	588.3	227.6	0	153.9	0
	洛江区	1590.3	441.9	505.3	1148.3	0	1085.0	0
	泉港区	1539.6	1236.1	1413.4	303.4	0	126.2	0
	合计	4275.4	2426.2	2774.2	1849.2	0	1501.2	0

续表

行政区	乡镇单元	地下水可开采量/万 m³	规划年需水量/万 m³		未来 5 年平衡分析		未来 15 年平衡分析	
			未来 5 年	未来 15 年	余缺水量/万 m³	缺水率/%	余缺水量/万 m³	缺水率/%
南安市东部平原	溪美街道	350.9	295.9	338.4	55.0	0	12.6	0
	柳城街道	347.8	300.9	344.1	46.8	0	3.7	0
	美林街道	325.1	423.6	484.4	−98.5	23.2	−159.2	32.9
	洪濑镇	512.5	784.0	896.5	−271.5	34.6	−384.0	42.8
	洪梅镇	298.5	265.4	303.5	33.1	0	−5.0	1.7
	康美镇	371.5	368.5	421.4	2.9	0	−49.9	11.8
	丰州镇	300.1	198.4	226.8	101.7	0	73.3	0
	霞美镇	248.4	604.2	690.8	−355.7	58.9	−442.4	64.0
	官桥镇	849.1	1027.7	1175.1	−178.7	17.4	−326.0	27.7
	水头镇	919.6	1272.4	1454.9	−352.8	27.7	−535.3	36.8
	石井镇	605.8	864.0	988.0	−258.2	29.9	−382.2	38.7
	合计	5129.2	6405.1	7323.6	−1275.9	19.9	−2194.5	30.0
石狮市区	石狮市区	23.0	32.0	36.6	−9.0	28.2	−13.6	37.2
	鸿山镇	37.2	0	0	37.2	0.0	37.2	0
	锦尚镇	32.9	0	0	32.9	0.0	32.9	0
	灵秀镇	61.0	428.9	490.4	−367.9	85.8	−429.4	87.6
	宝盖镇	70.1	512.7	586.2	−442.6	86.3	−516.1	88.0
	蚶江镇	131.0	507.6	580.4	−376.6	74.2	−449.4	77.4
	祥芝镇	99.3	272.8	311.9	−173.5	63.6	−212.6	68.2
	永宁镇	168.2	432.5	494.5	−264.3	61.1	−326.3	66.0
	合计	622.7	2957.0	3381.0	−2334.3	78.9	−2758.4	81.6
泉州市沿海地区		17467.3	25800.0	29500.0	−8332.8	32.3	−12032.8	40.8

注　"余缺水量"一栏中，正数表示有水量剩余，负数表示缺水量。

表 7.9　　　　　　　　　　$P=50\%$ 乡镇区未来供需平衡分析结果

行政区	乡镇单元	地下水可开采量/万 m³	未来年需水量/万 m³		未来 5 年平衡分析		未来 15 年平衡分析	
			未来 5 年	未来 15 年	余缺水量/万 m³	缺水率/%	余缺水量/万 m³	缺水率/%
晋江市	池店镇	144.6	593.3	678.4	−448.7	75.6	−533.8	78.7
	罗山镇	421.7	458.6	524.4	−36.9	8.0	−102.6	19.6
	永和镇	296.1	619.4	708.3	−323.3	52.2	−412.1	58.2
	龙湖镇	357.5	579.5	662.6	−221.9	38.3	−305.0	46.0
	英林镇	179.2	479.4	548.1	−300.2	62.6	−368.9	67.3
	内坑镇	329.7	593.7	678.8	−264.0	44.5	−349.1	51.4
	紫帽镇	112.9	135.3	154.7	−22.4	16.6	−41.8	27.0

续表

行政区	乡镇单元	地下水可开采量/万 m³	未来年需水量/万 m³		未来 5 年平衡分析		未来 15 年平衡分析	
			未来 5 年	未来 15 年	余缺水量/万 m³	缺水率/%	余缺水量/万 m³	缺水率/%
晋江市	磁灶镇	459.1	986.3	1127.8	−527.2	53.4	−668.6	59.3
	陈埭镇	8.5	852.5	974.8	−844.0	99.0	−966.3	99.1
	青阳镇	113.3	163.1	186.5	−49.8	30.6	−73.2	39.3
	安海镇	568.3	830.2	949.3	−261.9	31.5	−380.9	40.1
	东石镇	379.2	758.4	867.2	−379.2	50.0	−487.9	56.3
	金井镇	271.0	474.2	542.2	−203.2	42.9	−271.2	50.0
	深沪镇	130.6	354.7	405.6	−224.1	63.2	−275.0	67.8
	西滨镇	0	33.5	38.3	−33.5	100.0	−38.3	100.0
	合计	3771.8	7914.1	9049.0	−4142.2	52.3	−5277.2	58.3
惠安县	螺城镇	181.1	265.8	303.9	−84.6	31.8	−122.8	40.4
	螺阳镇	290.0	571.2	653.1	−281.2	49.2	−363.1	55.6
	涂寨镇	277.3	365.1	417.4	−87.8	24.0	−140.1	33.6
	山霞镇	217.1	238.9	273.2	−21.8	9.1	−56.0	20.5
	东岭镇	157.6	451.4	516.1	−293.8	65.1	−358.5	69.5
	东桥镇	226.7	407.1	465.5	−180.5	44.3	−238.9	51.3
	崇武镇	122.8	452.2	517.1	−329.4	72.8	−394.3	76.2
	黄塘镇	331.3	506.8	579.5	−175.5	34.6	−248.2	42.8
	紫山镇	461.6	359.2	410.7	102.4	0	50.9	0
	辋川镇	300.9	563.3	644.1	−262.4	46.6	−343.2	53.3
	洛阳镇	265.2	378.0	432.2	−112.8	29.8	−167.0	38.6
	东园镇	154.0	435.5	498.0	−281.6	64.7	−344.0	69.1
	张坂镇	348.7	406.2	464.5	−57.5	14.2	−115.8	24.9
	百崎乡	40.4	180.4	206.3	−140.1	77.6	−165.9	80.4
	净峰镇	214.1	409.7	468.4	−195.6	47.8	−254.4	54.3
	小岞镇	50.8	106.8	122.2	−56.1	52.5	−71.4	58.5
	合计	3639.5	6097.6	6972.1	−2458.1	40.3	−3332.6	47.8
泉州市区	鲤城区	401.8	233.7	267.2	168.2	0	134.7	0
	丰泽区	739.3	514.5	588.3	224.8	0	151.0	0
	洛江区	1584.1	441.9	505.3	1142.2	0	1078.8	0
	泉港区	1533.6	1236.1	1413.4	297.5	0	120.2	0
	合计	4258.9	2426.2	2774.2	1832.7	0	1484.7	0

续表

行政区	乡镇单元	地下水可开采量/万 m³	未来年需水量/万 m³		未来 5 年平衡分析		未来 15 年平衡分析	
			未来 5 年	未来 15 年	余缺水量/万 m³	缺水率/%	余缺水量/万 m³	缺水率/%
南安市东部平原	溪美街道	349.6	295.9	338.4	53.7	0	11.2	0
	柳城街道	346.4	300.9	344.1	45.5	0	2.3	0
	美林街道	323.9	423.6	484.4	−99.7	23.5	−160.5	33.1
	洪濑镇	510.5	784.0	896.5	−273.5	34.9	−386.0	43.1
	洪梅镇	297.3	265.4	303.5	31.9	0	−6.2	2.0
	康美镇	370.0	368.5	421.4	1.5	0	−51.3	12.2
	丰州镇	298.9	198.4	226.8	100.6	0	72.1	0
	霞美镇	247.5	604.2	690.8	−356.7	59.0	−443.3	64.2
	官桥镇	845.8	1027.7	1175.1	−181.9	17.7	−329.3	28.0
	水头镇	916.1	1272.4	1454.9	−356.4	28.0	−538.9	37.0
	石井镇	603.5	864.0	988.0	−260.6	30.2	−384.5	38.9
	合计	5109.4	6405.1	7323.6	−1295.6	20.2	−2214.2	30.2
石狮市区	石狮市区	22.9	32.0	36.6	−9.1	28.4	−13.7	37.4
	鸿山镇	37.1	0	0	37.1	0	37.1	0
	锦尚镇	32.8	0	0	32.8	0	32.8	0
	灵秀镇	60.7	428.9	490.4	−368.1	85.8	−429.6	87.6
	宝盖镇	69.8	512.7	586.2	−442.9	86.4	−516.4	88.1
	蚶江镇	130.5	507.6	580.4	−377.1	74.3	−449.9	77.5
	祥芝镇	98.9	272.8	311.9	−173.9	63.7	−213.0	68.3
	永宁镇	167.6	432.5	494.5	−264.9	61.3	−327.0	66.1
	合计	620.3	2957.0	3381.0	−2336.7	79.0	−2760.8	81.7
泉州市沿海地区		17400.0	25800.0	29500.0	−8400.0	32.6	−12100.0	41.0

注 "余缺水量"一栏中，正数表示有水量剩余，负数表示缺水量。

表 7.10　　　　　　　　P＝75％乡镇区未来供需平衡分析结果

行政区	乡镇单元	地下水可开采量/万 m³	未来年需水量/万 m³		未来 5 年平衡分析		未来 15 年平衡分析	
			未来 5 年	未来 15 年	余缺水量/万 m³	缺水率/%	余缺水量/万 m³	缺水率/%
晋江市	池店镇	120.5	593.3	678.4	−472.8	79.7	−557.9	82.2
	罗山镇	351.4	458.6	524.4	−107.2	23.4	−172.9	33.0
	永和镇	246.8	619.4	708.3	−372.7	60.2	−461.5	65.2
	龙湖镇	297.9	579.5	662.6	−281.5	48.6	−364.6	55.0
	英林镇	149.3	479.4	548.1	−330.0	68.8	−398.8	72.8
	内坑镇	274.7	593.7	678.8	−318.9	53.7	−404.1	59.5
	紫帽镇	94.1	135.3	154.7	−41.2	30.5	−60.6	39.2

续表

行政区	乡镇单元	地下水可开采量/万 m³	未来年需水量/万 m³		未来 5 年平衡分析		未来 15 年平衡分析	
			未来 5 年	未来 15 年	余缺水量/万 m³	缺水率/%	余缺水量/万 m³	缺水率/%
晋江市	磁灶镇	382.6	986.3	1127.8	−603.7	61.2	−745.1	66.1
	陈埭镇	7.1	852.5	974.8	−845.4	99.2	−967.7	99.3
	青阳镇	94.4	163.1	186.5	−68.7	42.1	−92.1	49.4
	安海镇	473.6	830.2	949.3	−356.6	43.0	−475.6	50.1
	东石镇	316.0	758.4	867.2	−442.4	58.3	−551.1	63.6
	金井镇	225.8	474.2	542.2	−248.4	52.4	−316.4	58.4
	深沪镇	108.8	354.7	405.6	−245.9	69.3	−296.8	73.2
	西滨镇	0	33.5	38.3	−33.5	100.0	−38.3	100.0
	合计	3143.2	7914.1	9049.0	−4770.9	60.3	−5905.8	65.3
惠安县	螺城镇	150.9	265.8	303.9	−114.8	43.2	−152.9	50.3
	螺阳镇	241.7	571.2	653.1	−329.5	57.7	−411.4	63.0
	涂寨镇	231.1	365.1	417.4	−134.0	36.7	−186.4	44.6
	山霞镇	180.9	238.9	273.2	−58.0	24.3	−92.2	33.8
	东岭镇	131.3	451.4	516.1	−320.0	70.9	−384.8	74.6
	东桥镇	188.9	407.1	465.5	−218.3	53.6	−276.6	59.4
	崇武镇	102.3	452.2	517.1	−349.9	77.4	−414.8	80.2
	黄塘镇	276.1	506.8	579.5	−230.7	45.5	−303.4	52.4
	紫山镇	384.7	359.2	410.7	25.5	0	−26.0	6.3
	辋川镇	250.7	563.3	644.1	−312.5	55.5	−393.3	61.1
	洛阳镇	221.0	378.0	432.2	−157.0	41.5	−211.2	48.9
	东园镇	128.3	435.5	498.0	−307.2	70.5	−369.7	74.2
	张坂镇	290.6	406.2	464.5	−115.6	28.5	−173.9	37.4
	百崎乡	33.7	180.4	206.3	−146.8	81.3	−172.7	83.7
	净峰镇	178.4	409.7	468.4	−231.3	56.5	−290.1	61.9
	小岞镇	42.3	106.8	122.2	−64.5	60.4	−79.9	65.4
	合计	3032.9	6097.6	6972.1	−3064.7	50.3	−3939.2	56.5
泉州市区	鲤城区	334.9	233.7	267.2	101.2	0	67.7	0
	丰泽区	616.1	514.5	588.3	101.6	0	27.8	0
	洛江区	1320.1	441.9	505.3	878.2	0	814.8	0
	泉港区	1278.0	1236.1	1413.4	41.9	0	−135.4	9.6
	合计	3549.1	2426.2	2774.2	1122.9	0	774.9	0

行政区	乡镇单元	地下水可开采量/万 m³	未来年需水量/万 m³		未来 5 年平衡分析		未来 15 年平衡分析	
			未来 5 年	未来 15 年	余缺水量/万 m³	缺水率/%	余缺水量/万 m³	缺水率/%
南安市东部平原	溪美街道	291.3	295.9	338.4	−4.6	0	−47.0	0
	柳城街道	288.7	300.9	344.1	−12.2	0	−55.4	0
	美林街道	269.9	423.6	484.4	−153.7	36.3	−214.5	44.3
	洪濑镇	425.4	784.0	896.5	−358.6	45.7	−471.0	52.5
	洪梅镇	247.8	265.4	303.5	−17.6	6.6	−55.7	18.4
	康美镇	308.4	368.5	421.4	−60.2	16.3	−113.0	26.8
	丰州镇	249.1	198.4	226.8	50.7	0	22.3	0
	霞美镇	206.2	604.2	690.8	−398.0	65.9	−484.6	70.1
	官桥镇	704.8	1027.7	1175.1	−322.9	31.4	−470.3	40.0
	水头镇	763.4	1272.4	1454.9	−509.1	40.0	−691.5	47.5
	石井镇	502.9	864.0	988.0	−361.2	41.8	−485.1	49.1
	合计	4257.9	6405.1	7323.6	−2147.2	33.5	−3065.8	41.9
石狮市区	石狮市区	19.1	32.0	36.6	−12.9	40.4	−17.5	47.9
	鸿山镇	30.9	0	0	30.9	0	30.9	0
	锦尚镇	27.3	0	0	27.3	0	27.3	0
	灵秀镇	50.6	428.9	490.4	−378.2	88.2	−439.7	89.7
	宝盖镇	58.2	512.7	586.2	−454.5	88.7	−528.0	90.1
	蚶江镇	108.7	507.6	580.4	−398.8	78.6	−471.6	81.3
	祥芝镇	82.4	272.8	311.9	−190.4	69.8	−229.5	73.6
	永宁镇	139.7	432.5	494.5	−292.9	67.7	−354.9	71.8
	合计	516.9	2957.0	3381.0	−2440.1	82.5	−2864.1	84.7
泉州市沿海地区		14500.0	25800.0	29500.0	−11300.0	43.8	−15000.0	50.8

注　"余缺水量"一栏中，正数表示有水量剩余，负数表示缺水量。

表 7.11　　　　　　　$P=90\%$乡镇区未来供需平衡分析结果

行政区	乡镇单元	地下水可开采量/万 m³	未来年需水量/万 m³		未来 5 年平衡分析		未来 15 年平衡分析	
			未来 5 年	未来 15 年	余缺水量/万 m³	缺水率/%	余缺水量/万 m³	缺水率/%
晋江市	池店镇	98.1	593.3	678.4	−495.3	83.5	−580.4	85.5
	罗山镇	286.0	458.6	524.4	−172.6	37.6	−238.4	45.5
	永和镇	200.8	619.4	708.3	−418.6	67.6	−507.4	71.6
	龙湖镇	242.4	579.5	662.6	−337.0	58.2	−420.1	63.4
	英林镇	121.5	479.4	548.1	−357.8	74.7	−426.6	77.8
	内坑镇	223.6	593.7	678.8	−370.1	62.3	−455.2	67.1
	紫帽镇	76.6	135.3	154.7	−58.7	43.4	−78.1	50.5

续表

行政区	乡镇单元	地下水可开采量/万 m³	未来年需水量/万 m³		未来 5 年平衡分析		未来 15 年平衡分析	
			未来 5 年	未来 15 年	余缺水量/万 m³	缺水率/%	余缺水量/万 m³	缺水率/%
晋江市	磁灶镇	311.4	986.3	1127.8	−674.9	68.4	−816.4	72.4
	陈埭镇	5.8	852.5	974.8	−846.8	99.3	−969.0	99.4
	青阳镇	76.8	163.1	186.5	−86.3	52.9	−109.7	58.8
	安海镇	385.4	830.2	949.3	−444.8	53.6	−563.8	59.4
	东石镇	257.2	758.4	867.2	−501.2	66.1	−610.0	70.3
	金井镇	183.8	474.2	542.2	−290.4	61.2	−358.4	66.1
	深沪镇	88.6	354.7	405.6	−266.2	75.0	−317.0	78.2
	西滨镇	0	33.5	38.3	−33.5	100.0	−38.3	100.0
	合计	2557.9	7914.1	9049.0	−5356.1	67.7	−6491.1	71.7
惠安县	螺城镇	122.8	265.8	303.9	−142.9	53.8	−181.1	59.6
	螺阳镇	196.7	571.2	653.1	−374.5	65.6	−456.4	69.9
	涂寨镇	188.1	365.1	417.4	−177.0	48.5	−229.4	55.0
	山霞镇	147.3	238.9	273.2	−91.6	38.4	−125.9	46.1
	东岭镇	106.9	451.4	516.1	−344.5	76.3	−409.2	79.3
	东桥镇	153.7	407.1	465.5	−253.4	62.2	−311.8	67.0
	崇武镇	83.3	452.2	517.1	−369.0	81.6	−433.8	83.9
	黄塘镇	224.7	506.8	579.5	−282.2	55.7	−354.8	61.2
	紫山镇	313.0	359.2	410.7	−46.1	12.8	−97.7	0
	辋川镇	204.1	563.3	644.1	−359.2	63.8	−440.0	68.3
	洛阳镇	179.8	378.0	432.2	−198.1	52.4	−252.3	58.4
	东园镇	104.4	435.5	498.0	−331.1	76.0	−393.6	79.0
	张坂镇	236.5	406.2	464.5	−169.7	41.8	−228.0	49.1
	百崎乡	27.4	180.4	206.3	−153.1	84.8	−178.9	86.7
	净峰镇	145.2	409.7	468.4	−264.5	64.6	−323.3	69.0
	小岞镇	34.4	106.8	122.2	−72.4	67.8	−87.7	71.8
	合计	2468.2	6097.6	6972.1	−3629.5	59.5	−4503.9	64.6
泉州市区	鲤城区	272.5	233.7	267.2	38.8	0	5.3	0
	丰泽区	501.4	514.5	588.3	−13.2	2.6	−87.0	14.8
	洛江区	1074.3	441.9	505.3	632.4	0	569.0	0
	泉港区	1040.1	1236.1	1413.4	−196.1	15.9	−373.3	26.4
	合计	2888.2	2426.2	2774.2	462.0	0	114.1	0

续表

行政区	乡镇单元	地下水可开采量/万 m³	未来年需水量/万 m³		未来 5 年平衡分析		未来 15 年平衡分析	
			未来 5 年	未来 15 年	余缺水量/万 m³	缺水率/%	余缺水量/万 m³	缺水率/%
南安市东部平原	溪美街道	237.1	295.9	338.4	−58.8	0	−101.3	0
	柳城街道	234.9	300.9	344.1	−66.0	0	−109.1	0
	美林街道	219.6	423.6	484.4	−204.0	48.2	−264.7	54.7
	洪濑镇	346.2	784.0	896.5	−437.8	55.8	−550.3	61.4
	洪梅镇	201.6	265.4	303.5	−63.8	24.0	−101.8	33.6
	康美镇	250.9	368.5	421.4	−117.6	31.9	−170.4	40.4
	丰州镇	202.7	198.4	226.8	4.4	0	−24.1	10.6
	霞美镇	167.8	604.2	690.8	−436.4	72.2	−523.0	75.7
	官桥镇	573.6	1027.7	1175.1	−454.1	44.2	−601.5	51.2
	水头镇	621.2	1272.4	1454.9	−651.2	51.2	−833.7	57.3
	石井镇	409.2	864.0	988.0	−454.8	52.6	−578.7	58.6
	合计	3465.0	6405.1	7323.6	−2940.1	45.9	−3858.6	52.7
石狮市区	石狮市区	15.5	32.0	36.6	−16.5	51.5	−21.1	57.6
	鸿山镇	25.2	0	0	25.2	0	25.2	0
	锦尚镇	22.2	0	0	22.2	0	22.2	0
	灵秀镇	41.2	428.9	490.4	−387.7	90.4	−449.2	91.6
	宝盖镇	47.3	512.7	586.2	−465.3	90.8	−538.9	91.9
	蚶江镇	88.5	507.6	580.4	−419.1	82.6	−491.9	84.8
	祥芝镇	67.1	272.5	311.9	−205.7	75.4	−244.8	78.5
	永宁镇	113.6	432.5	494.5	−318.9	73.7	−380.9	77.0
	合计	420.7	2957.0	3381.0	−2536.3	85.8	−2960.4	87.6
泉州市沿海地区		11800.0	25800.0	29500.0	−14000.0	54.3	−17700.0	60.0

注　"余缺水量"一栏中，正数表示有水量剩余，负数表示缺水量。

从多年平均来看，除了泉州市区能满足未来年需水量外，其他市区均存在不同程度缺水，且以石狮市和晋江市最为严重，缺水率分别达到80%和55%左右。不同保证率下的缺水程度有所变化，但变化基本不大，即保证率从50%变为90%，缺水程度并没有明显增加。然而泉州市区在90%保证率下，其丰泽区和泉港区出现了缺水情况，但缺水率平均仅为14%。总体来说，应该按照7.2节各乡镇地下水开发前景分级严格控制地下水开采，尤其是滨海平原的乡镇，必须合理控制地下水位，避免海水入侵。

7.4　地下水合理开发利用与保护对策

7.4.1　地下水不合理开发可能产生的环境地质问题

在泉州市沿海地区，不合理的地下水资源开发利用，将产生咸水下移、地面塌陷与地裂缝、地下水污染等环境地质问题，制约着地下水资源可持续开发利用。

1. 地下水位下降

据 2008 年 4 月对泉州市沿海地区进行的地下水位埋深统测数据，利用 ARCGIS 数据分析得到地下水位埋深分布，如图 7.2 所示。从图中可以看出，浅埋深区（小于 5m）主要位于沿江两岸和沿海地带，大埋深（大于 20m）区主要位于沿山地区。对各个行政区而言，晋江市平均地下水位埋深最大，埋深在 10～20m 的范围位于池店镇、罗山镇和英林镇，罗山镇水位埋深达 16.9m；石狮和惠安市其次，埋深一般在 5～10m 范围；泉州市区和南安市地下水位埋深相对浅，一般在 5m 以内。

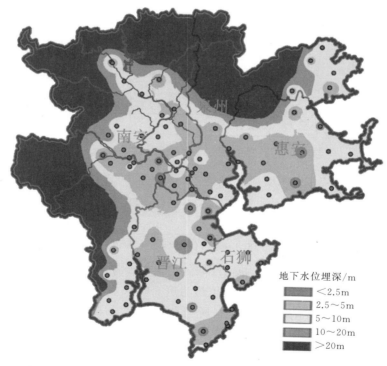

地下水位埋深/m

                  ＜2.5m
                  2.5～5m
                  5～10m
                  10～20m
                  ＞20m

图 7.2　泉州市沿海地区 2008 年 4 月调查的地下水位埋深分布

（注：圆点为水位统测点。）

2. 地面沉降、地面塌陷和地裂缝

地面沉降是指由抽汲地下水而引起的地面沉降。地面沉降伴随着地下水的开采而产生，沉降的速率和发展趋势随着地下水头的变化而变化，伴随着开采量的增加而发展，又伴随着开采量的减少而减少。地面塌陷可分为采空塌陷、岩溶塌陷和地面沉陷 3 种类型。地面塌陷一般由采矿活动和开采地下水引起。

由现有的报告调研和实地考察，研究区目前尚未发现有地面沉降、地面塌陷和地裂缝的相关报导。在泉州市沿海地区，泉州市区和南安市部分乡镇区地下水开采仍有一定潜力，从泉州市地质结构可知，地下水多以裂隙水为主，松散岩类孔隙水主要分布于沿江两岸，地层多以花岗岩、片麻岩为主，没有区域性的以软弱夹层为主的黏性土层，地下水位虽然处于下降趋势，但地面沉降、地面塌陷和地裂缝等现象未曾见报道。

3. 海水和咸水入侵

海水入侵是指在海岸带含水层中过量抽取地下淡水，使得淡水体水头下降到低于附近海水楔形体水头时，咸、淡水界面向陆地推进的现象；咸水入侵是指第四纪形成的埋藏于海相沉积物中的咸卤水（沉积古海水）体由于过量开采其邻近的淡水资源而引起的咸、淡水界面向内陆推进的现象。咸水入侵包括咸淡水界面上 Cl^- 的弥散和随地下水在压强差作用下的流动，后者的运动幅度远大于前者。

泉州海岸线约 421km，自然地理与地质背景条件决定了其存在海岸带地质灾害的隐患。海岸带地下水抽取对海水入侵是否存在影响，填海工程所引起的当地水土环境变化趋势如何，相关的研究工作未进行较深入的开展，缺乏相关的完整水文地质资料及系统的监测数据，目前无法全面、准确深入分析、预测和查明海岸带地质灾害的入侵及范围、程度以及其历史过程，但对于晋江围头半岛、晋江崇武半岛等沙质滩岸，在滨海区域存在地下水强开采区域会引起海水入侵。

在考虑咸水入侵现象时，必须考虑沿海地区大规模滩涂围垦工程的影响。滩涂围垦促进了粮食、水产养殖业、林业和果树、盐业的发展，也改善了岛屿交通条件，经济效益显著。滩涂围垦区开发利用以种植、养殖为主，兼顾盐、林、城镇建设、工商贸开发等。目前已建的万亩以上大型围垦工程包括惠安外走马埭围垦、惠安五一围垦（东园洛阳）、惠安七一围垦（张坂）和泉港埭港围垦（山腰），围垦面积达 107860 亩，开发利用以农业为主，水产和盐业为辅。已建中型（3000～10000 亩）围垦工程包惠安的潘南（4800 亩）、奎毕（3200 亩）、南埔（9800 亩）、鸠林（3200 亩），泉州的城东（5900 亩），晋江的盐场垦区（5005 亩）、金井盐场垦区（7496 亩）、西滨军垦（6730 亩）、西滨农场（4020 亩），石狮的蚶江（4200 亩），南安的朴里（4000 亩）、菊江（4100 亩），共计 10605 亩。2000 年统计的泉州市中大型围垦区和范围如图

7.3 所示。据福建省沿海滩涂围垦规划（2006—2020 年），泉州市围垦规划项目见表 7.12。在未来 15 年肖南围垦面积将达到 30000 亩，崇武围垦面积将增加到 12800 亩，未来 15 年泉州市围垦面积将达到 50037 亩。

表 7.12　　　　　　　　　　泉州市围垦项目规划

时间	工程所在地	工程项目名称	围垦面积/亩	海堤长度/m
2006—2010 年	泉港区	诚峰围垦	1500	1300
	石狮市	水头围垦	2200	1200
2011—2020 年	惠安泉港	肖南围垦	30000	11600
	惠安县	崇武围垦	12800	4420
	南安市	江崎围垦	2000	4200
	南安市	菊江围垦	2000	4100
	石狮市	子英围垦	1200	1000
	晋江市	南港片围垦	2037	2780

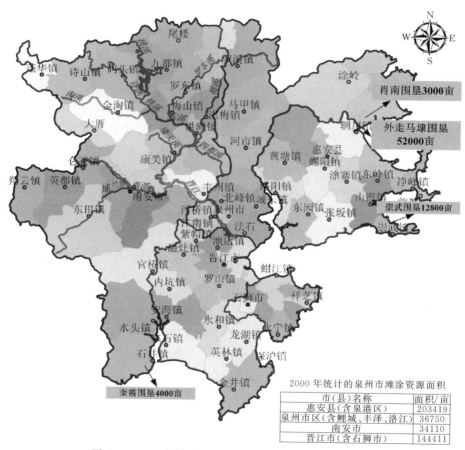

2000 年统计的泉州市滩涂资源面积

市（县）名称	面积/亩
惠安县（含泉港区）	203419
泉州市区（含鲤城、丰泽、洛江）	36750
南安市	34110
晋江市（含石狮市）	144411

图 7.3　2000 年统计的泉州沿海地区滩涂范围和面积

沿海区大规模围垦对地下水系统有着重要的影响，而且这种影响是缓慢的。这里，先分析不存在地下水开采情景下的咸淡水界面变化和水位动态。如图 7.4 所示，由于围垦工程增加了降雨入渗补给区的面积，对于地下水系统来说，其渗流路径增大了，降雨入渗补给量增加了，将会引起地下水位的抬升，抬升的幅度与降雨入渗强度、围垦填土性质、围垦宽度和未填海前介质的性质有关。假定图 7.4（a）所示的地下水系统达到平衡，在短期内（如一年）进行围垦工程并实施完成［图 7.4（b）］，由围垦所形成的新的地下水系统达到平衡需要几十甚至几百年的时间，它是一个动态而又渐进的过程；从咸淡水界面上来说，在围垦之前，根据咸淡水的 Ghyben-Herzberg 公式，地下水系统处于稳定态时咸淡水界面为楔形，如图 7.4（a）所示，当围垦工程完成以后，咸淡水界面会向海移动，如图 7.4（b）所示，而位于老咸淡水界面（围垦之前的界面）与新咸淡水界界面之间的地下水，由于在围垦之前地下水为咸水，在地下水长期的运动过程中水质会逐渐淡化，因为地下水总是向海排泄。

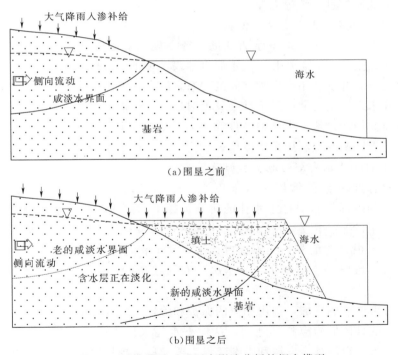

(a)围垦之前

(b)围垦之后

图 7.4　滩涂围垦对地下水影响分析的概念模型

如果考虑临海区地下水过度开发导致地下水流场的改变，即由原来的地下水向海排泄转化为海水向地下水运动，地下水则会变咸，由于弥散和对流的共同作用，区域地下水质会逐渐变咸。

7.4.2　地下水开发利用对策措施

解决泉州市水资源季节性缺水问题，除实施福建省和泉州市制定的跨流域调水（如闽江北水南调工程），建立节水型农业、工业和城市，污水资源化，海水淡化，分质供水等多种措施外，挖掘地下水资源潜力、优化调整开采方案和开发利用模式也是重要的现实措施。

从泉州市现有的地下水开发利用模式看，基本上为分散性供水，仅局部构造发育强烈带存在中、小型水源。因此，从实施地下水资源可持续利用的综合措施上讲，其对策应包括优化调整地下水开采布局，加大沿江两岸地下水的开发利用，适度调减晋江和石狮市的地下水开采；实施多元化水源开源方案，建设城市应急后备水源地等地下水源工程，提高城市供水安全保障程度；开发利用咸水资源；利用地下水空间和雨洪水资源，实施含水层恢复工程和地下水与地表水联合调度；开展和加强地质环境动态监测与研究；建立泉州市地下水资源与环境地质信息系统等方面。

1. 地表水和地下水资源优化调度

坚持地表水为主，地下水为辅助、统一规划的原则，统筹考虑不同用水户（生产、生活、生态）和不同水源（地表、地下、其他水源等）之间、需求与供给之间、开发利用与保护之间的关系，统筹考虑地下水开发利用现状、存在问题和未来一定时期内经济社会发展对地下水的需求，合理规划地下水的开发利用与保护。在地下水开采条件和水质较好的区域，优先安排生活饮用水，研究区的水资源开发利用采取以地表水为主、以地下水为辅的政策。

2. 农村饮用水安全和地下水加强管理

农村有近50%的饮用来自地下水。随着近几年社会经济的快速发展，工业废水和生活污水对地下水体的污染也越来越严重，也是造成泉州市农村饮水不安全的重要因素之一。这些饮水不安全因素对农民的身体健康和生命安全造成了很大的危害。实施农村饮水安全工程，改善农民饮水条件，保障农民的身体健康和生命安全，是解决三农问题和促进社会和谐发展的重要内容之一。

对污染严重的区域，提出相应的保护和治理、修复的措施建议。对各超采区，恢复的具体措施应科学规划，从地下水超采区水资源条件和实际状况出发，结合当地经济社会发展和生态建设需要，科学规划地下水资源开发利用总体布局，明确不同阶段超采区的治理目标。一方面通过建设地下水相关的管理条例来约束当地无秩序的地下水开采，制定一定的奖罚措施；还需要通过取水计量设施来控制和统计地下水的开采；对于新增地下水井，要进行登记和市水利局审批。

3. 加强对地下水的监测

泉州市沿海地区多年的防汛工作已逐步补充和完善了重要断面水文控制站和重点站的测报设施设备；水雨情站的报汛站数和报汛工作。泉州市水利局已初步完成取水口引水监测和水环境监测站点布局，基本形成了雨情、引水、水环境和旱情等信息的水量调度。这些问题有助于分析地下水的补给、形成和转化，但没有地下水动态变化信息，因此有必要设置地下水监测点，监测内容包括地下水质、水位和沿海区域地下水向海排泄量的动态监测，设置的重要地下水监测点见表 7.13。

表 7.13　　　　　　　　　　泉州市沿海地区增设地下水监测

序号	位置/点数	目的
1	东西溪交汇处/3	监测地下水位和水质，研究地表水与地下水转化关系
2	金鸡闸/1	地下水位和水质，研究地表水与地下水转化关系
3	地下水强开采区/5	地下水位和地面沉降，分析是否地下水位与沉降的关系
4	滨海地区/8	东石、山腰、陈埭等镇附近海水入侵情况，顺地下水流向至少布设 2 组监测点
5	各县市孔隙水区/10	对每个县市的孔隙水含水层，平均布设 2～4 组监测点，了解地下水的动态

第 8 章 典型区应急地下水水源地建设分析

根据泉州地区地质特征，在泉州市附近的基岩主要为花岗岩，而第四系沉积物的覆盖深度一般在 20m 以内。本章重点分析断裂带裂隙水开发的潜力。

8.1 断裂带地下水开发可行性分析

8.1.1 清源山断裂带地下水开发可行性分析

在清源山一带明显存在两条北西西向（F_1）和北西向断裂（F_2），倾向西南。为方便该断裂区矿泉水和温泉（深部地下水）的开发利用，有必要进行地下水补给资源量的确定。因此计算的是地下水补给资源量，F_1 断裂形成的补给区近似认为清源山脉西南的一部分，为 I 区，属于裂隙水和浅层孔隙水；F_2 断裂形成的补给区为平原区，浅层为松散孔隙水，深层为裂隙水，其汇水面积仅延伸到后茂村，因为物探调查区域主要集中于燎原、肖厝、竹脚等区域，补给区面积可能更大，为 II 区。清源山两条断裂地下水补给资源的计算参数见表 8.1，因此 I 区和 II 区构造水的补给量分别为 1035.62m³/d 和 4734.25m³/d，合计 5769.87m³/d，每年可提供 210.6 万 m³ 地下水量。已有证实的 F_1 断裂上的竹脚村矿泉水厂有一自流井，水量达 80m³/d，长年不断，说明该区水量尚有较大的开发潜力。

表 8.1 清源山两条断裂地下水补给资源的计算参数

补给区	面积/km²	年降雨量/mm	入渗补给系数	补给量/(m³/d)
I 区	3.5	1200	0.09	1035.62
II 区	9.6	1200	0.15	4734.25
合计	13.1			5769.87

8.1.2 南安市断裂带地下水开发的可行性分析

南安市勘探点为晋江之一的西溪处，西溪河长 145km，平均坡降 7‰，流入南安市西溪的径流量为：丰水年 35.89 亿 m³/a，平水年 25.41 亿 m³/a，枯水年 17.29 亿 m³/a。西溪向东流经仑苍、美林、城关和丰州等镇，沿途有英溪、檀溪、兰溪等汇入。附近岩性一般由上而下为：粉质黏土、砂砾、强风化凝灰熔岩、弱风化凝灰熔岩和微风化凝灰熔岩。砂砾层及强风化凝灰熔岩厚度在 2～6m。附近地下水位埋深在 1.5～8.5m，年变化在 1～2m。初步估计河水位与附近地下水位相差 2m 左右。河流与地下水的关系是由河水位与地下水位的大小来判定，其交换量是由河水位、地下水位、河底弱透水层的渗透性及厚度等因素决定的。在地下水位低于河水位时，河水向地下水补给；河水位低于地下水位时，地下水向河流排泄，而这种关系经常是随着河水位和地下水位的季节变化而变化。在勘探处附近地下水开采较多时，地下水将低于河水位，河水会补给地下水，河流向地下水的侧向补给量为

$$Q = k \cdot A \cdot \mathrm{d}H/\mathrm{d}l \cdot \sin\theta \qquad (8.1)$$

式中：k 为附近介质的渗透系数；A 为侧向补给的面积；$\mathrm{d}H$ 为河水位与地下水位（或河底海拔高程）的水头差；$\mathrm{d}l$ 为渗透路径的长度，或者说河底弱透水层的厚度；θ 为河底浸润面与水平面交角。k 取 10m/d 时，西溪与勘探区地下水浸润面的长度约 2000m，河水-地下水接触区域的宽度约 2m，则 A 为 4000m², $\mathrm{d}H$ 为 1.5m，$\mathrm{d}l$ 为 5m，θ 为 30°，则计算的流量为 6000m³/d。

此外，该区年降雨量在 1200m 左右，降雨入渗补给系数为 0.09，接受降雨入渗补给的范围为 3.5km² 左右，则降雨入渗补给量约 1036m³/d。

该区最大的地下水开采量为 7036m³/d，相当于每年 258 万 m³。其中西溪补给地下水的量达 6000m³/d，因此，在枯水季节时可充分利用该区地表水向地下水的补给来开发利用构造地下水。

8.1.3 断裂带地下水应急水源地建设综合分析

1. 清源山应急水源地建设的可行性分析

根据清源山附近进行的地质勘探，存在两条断裂带（F_1 和 F_2），F_1 断裂带长约 2.5km，平均宽度约 150m，平均深度达 200m，估算地下水的体积为 0.75 亿 m³。一般破碎岩石的给水度为 0.2，地下水库的储存量为 0.15 亿 m³。F_2 断裂平面上带长约 3.0km，平均宽度约 200m，断层深度约 300m，估算地下水的体积为 1.80 亿 m³。一般破碎岩石的给水度为 0.2，该断层的地下水储存量为 0.36 亿 m³。清源山两条断裂上的地下水储存约 0.51 亿 m³。

若在这两条断裂带上建设应急水源地，在气候变异（如连续干旱）或发生环境突发性事件（地表水水源受到污染）等条件下，可将储存在着两条断层带及其周边的地下水取出，按照地下水库储存量（0.51 亿 m³）的 80% 计算，在应急时期可提供 4200 万 m³ 的饮用水。可在气候变异或环境突发性事件发生时，提供应急之需。若应急将其完全疏干，按照正常降水入渗补给估算，完全恢复这部分地下水，使它达到目前地下水水位将近需要 20 年。

因此，在应急水源地建设设计阶段，需要考虑利用洪水或引晋江水回补等项措施。

　　2.南安应急水源地建设可行性分析

南安市溪美大桥附近的断裂的延伸带较长，断裂带长度取 3.0km 计算，断裂带平均宽度 300m，平均破碎带的深度 200m，破碎带岩石给水度取为0.20，则断裂带地下水水库的储量为 0.36 亿 m³，由于南安地下水应急水源地紧临晋江西溪，为傍河应急水源地，除断层带储存的地下水可供利用外，还存在西溪的补给。含水层具有很强的过滤作用和对污染物的吸附作用，有助于地下水质的改善。

8.2　应急地下水水源地建设数值模拟分析

8.2.1　孔隙-裂隙双重介质理论

　　双重介质是由研究区域中裂隙介质和被裂隙介质所分割的孔隙岩块介质所组成的地下水含水层，其中的裂隙介质具备良好的渗透性能，但是由于储水性不强所以导致该介质在地下水含水层中所占的比率很小，而孔隙岩块和裂隙介质相比虽然渗透性不强但具有较高储水性，该岩块介质储存着含水层中超过一半的液体，因此一般意义上来说孔隙岩块介质是含水层的主要成分，由此可以得出结论，即并不是所有具有裂隙和孔隙的含水层都可以被称为双重介质含水层，裂隙介质和孔隙介质的共同存在只是构成了双重介质的必要条件。在双重介质含水层中，由于裂隙介质和孔隙介质特征中存在着的巨大差别，即上述提到的裂隙介质拥有的高渗透性低储水性和孔隙介质的所具备的高储水性低渗透性，受到该介质特征的影响使得水流在含水层的运动中沿裂隙延伸方向的速度较快，该区域溶质运移以对流弥散作用为主，而岩块中的地下水流运动则是垂直于裂隙水流方向且速度非常慢，该区域溶质主要以分子扩散作用为主，依据以上结果我们可以做出这样的假设，即在双重介质含水层中的同一点对应于孔隙介质和裂隙介质拥有两个完全不同的水头值 h 和 h^* 孔隙水头和裂隙水头，以及两个不同的浓度值即 C 和 C^*。

　　双重介质含水层拥有多种不同的类型，它广泛发育于部分岩溶区、岩浆岩区和变质岩区这样的基岩区域，同时在半胶结沉积岩地区甚至松散沉积物区，如黄土区和某些砂砾石与黏土交替沉积区也有双重介质含水层的发育，图 8.1是 3 种双重介质含水层示意图。

　　双重介质含水层的参数应当包括孔隙岩块介质和裂隙岩块中各自的水文地质参数，它主要包括渗透系数、储水系数和导水系数，各种相应参数的求参方

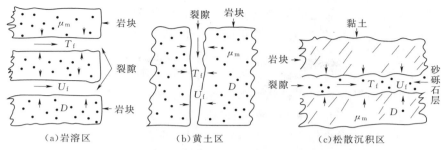

图 8.1　3 种双重介质含水层示意图

法及实验通常使用的主要包括抽水实验、注水实验和压水实验。

　　谢秀辉和张永祥就如何确定双重介质含水层参数的问题展开了研究，他们从双重介质的水力特性和介质中水流运动特征着手进行研究，详尽探讨了当双重介质含水层分别处于抽水和注水条件下的井流动力学方程及其求解方法，并对该井流动力学方程的适用条件及方程中可能存在的问题进行了细致的探讨，他们的研究结果表明，虽然理论上来说只要研究区域的双重介质含水层具备求参试验所要求的各项水文地质条件，那么无论是采用抽水试验还是注水试验都不会影响双重介质中的各项水文地质参数的正确获取，但事实并不是如此简单，在实际工作中由于各种因素的影响和限制应视具体情况具体分析，典型的例子就是当裂隙岩溶含水层中大部分裂隙呈紧密分布且不具备良好的张开性和溶蚀性时，同时岩块中普遍溶孔较小且大部分岩溶不太发育的条件下，这时介质中裂隙的导水系数和储水系数普遍都较小，岩块中储水率和渗透系数也都较低，这时抽水试验就不适用于此种情况，可以考虑采用注水试验来求参，即通过注入适当水量使水位抬升来获得理想观测结果，该实验可以看作是负抽水试验而进行；但如果处于相反的条件下，那么即使有大量水量注入也往往无法抬升水位，这时就要采用抽水试验才能够获得比较准确的结果。

　　在处理裂隙-孔隙含水层的计算问题时，通常有 3 种可供选择的概化方法：

　　（1）等效渗透系数法。这种方法是把介质中非连续的裂隙网络处理为一个等价的各向异性多孔介质系统，为了便于研究引进了相当于代表性单元体积的一个渗透系数概念。

　　（2）离散裂隙的近似处理。这种方法是把孔隙岩块和裂隙系统分割成不同的体积元并建立起二者之间的质量均衡方程，然后对每一个这样的体积元求解，这种方法的缺点是它需要大量的裂隙信息作为输入资料。

　　（3）双重介质模型。双重介质模型最初是由前苏联学者 Baronblatt 等 1960 年提出的，在这个模型中将裂隙-孔隙含水层通过数学方法处理为相互作用的连续介质，这两种连续的介质分别代表了裂隙渗流区和孔隙岩块渗流区，其中裂隙渗流区具有较高的渗透性和较低的储水性，相对应的孔隙渗流区则具有较高的储水性和较低的渗透性。这里要特别注意，双重介质模型的应用是一种纯数学上的处理方法，因此它和实际的物理模型有一定的区别。事实上在计算流量时双重介质模型可以被认为是正确的，但缺点在于它无法定义一个完整的渗流场。从这一点出发，田开铭经过研究后发现，无论是天然还是人工条件，地下水在一个渗透性连续的含水层系统中可形成上下重叠的两个流场或前后耦合的两个流场，这两个流场之间流量连续但压力分布不连续，受这种因素影响地下水在连续介质中发生了非连续流现象，这就是为什么双重介质模型难以应用于弥散问题的原因。

双重介质模型中把裂隙-孔隙含水层的组合通过数学方法处理为两种相互作用的连续介质，这两种相互作用的连续介质分别代表了裂隙渗流区和孔隙岩块渗流区，并提出这样的假设，即可以认为区域中有着范围广泛且随机分布的裂隙存在于岩石的原生孔隙中，并且无论是裂隙还是孔隙这两者都充满研究区域，这样就形成了两个不但重叠而且连续统一的构造。从这一假设出发，可以认为在渗透区域的平面每一个点上都有两个水头，即分别代表孔隙水头的 h 和代表裂隙水头的 h^*；其次可以假设孔隙与裂隙之间交换的水量与它们的水头差成正比，即

$$Q_{pf} = c(h - h^*) \tag{8.2}$$

式中：Q_{pf} 为单位时间内单位体积含水层从孔隙岩块中流到裂隙的水量；c 为比例常数。

c 取决于孔隙裂隙间的渗透性和这两种介质的几何特征，并假设总的渗透性由裂隙渗透性所决定，而在裂隙中水的流动服从达西定律，裂隙渗流区具有较高的渗透性和较低的储水性，孔隙渗流区则具有较高的储水性和较低的渗透性，由此建立了孔隙-裂隙双重介质模型。假设存在一个流量保持不变的抽水井，则可获得裂隙-孔隙含水层中完整井流的降深计算公式，由该方程可得到可以得到一组无量纲的时间与水头降深在半对数坐标系中的标准曲线，这些标准曲线显示了在长时间抽水过程中双重介质模型的水力特性，即它们都以泰斯曲线为渐近线。

1963 年美国地质调查局的 Warren 和 Root 在基本保持前苏联 Barenblatt 等人 1960 年提出的双重介质模型假设条件下，提出允许含水层中裂隙本身可以压缩，求解了由 3 组相互垂直连续且均匀的裂隙所组成的裂隙网络的计算问题，并得出在无量纲时用 Warren-Root 模型所得到的解答在半对数坐标系中是一条直线，这条直线和雅可布所研究得出的泰斯解的对数是近似一致的。

一直以来经典的双重介质渗流模型都是使用 Warren-Root 模型来表示的，期间虽然有不少人提出过改进和修正，但都是在双重介质框架内进行的，没有提出大的创新，即认为裂缝网络连通性很好，然而该假设并不一定正确。在该模型的基础上，同登科等于 1999 年引入反常扩散指数 θ，通过对该参数的运用来刻画裂缝网络的连通状况，结果表明，异常扩散系数 θ 在流动过程中都对压力曲线有着影响，随着时间的增加压力曲线开始相互发散，而当 $\theta = 0$ 时此模型即为一般的 Warren-Root 双重介质渗流模型。

Boulton 和 Streltsova 1977 年提出了使用一个规则的水平含水层的模式来代替 Barenblatt 等 1960 年提出的非规则岩块与裂隙网络的模型，利用该模型得出并描述了由于孔隙岩块系统垂向流动所引起的降深，1992 年梅茗在此基础上得出的渗流微分方程使用单调性方法进行了系统的分析并进行求解，得到并验证了经典解的全局存在唯一性、衰减渐近性及全局稳定性，较好地解释了双重介质内孔隙-裂隙流的内在规律，同时亦为水文计算方面提供了重要的理论依据。

根据上面的模型研究结果表明流向抽水井的地下水流的研究是根据理想化的双重介质理论或等价的单个裂隙模型来进行的，但是由均质各向同性的多孔介质推导得来的泰斯曲线可以随着抽水时间的延续或几何参数的近似解得到，因此泰斯模型通常不能用来解释短时间里裂隙含水层的试验资料。有鉴于此，胡尊国 1986 年对描述裂隙含水层水力特性的双重介质模型做了介绍，并指出它们可以直接用于孔隙-裂隙含水层试验中。

Barenblatt 等人提出的双重介质渗流模型是在简化情况下得到了某些解析解，1979 年陈钟祥和姜礼尚对未做简化的双重介质渗流数学模型求解，在有界封闭地层的普遍情形下得出了解析解，从而为使用水动力学方法估算裂缝-孔隙地层储量打下了理论基础。在孔隙-裂隙含水层中，有关学者研究表明相比裂隙中水的渗流速度，孔隙岩块中地下水流的渗流速度很小以至于可以忽略。肖树铁借助达西定律状态方程等辅助方程，针对无越流无限含水层的轴对称问题，对应于孔隙和裂隙使用拉普拉斯变换分别导出了各自对应的承压水地下水渗流微分方程，并得出了方程的近似解析解，与纯孔隙流的雅各布近似解相比，肖树铁等人得出的研究结果多了一个表示超前滞后给水效应的项，该项反应的是孔隙裂隙带来的输水特征，针对这点他们提出了一个水迁移系数 e 的概念，这个物理量主要是用来表征孔隙、裂隙发育特征、连通情况。

实际中也经常会碰到这样的情况，即有些孔隙-裂隙含水层上覆有松散的潜水弱含水层，除了接受到大气降水补给外，该潜水含水层还与下覆的孔隙-裂隙含水层有一定水力联系，当有抽水存在时该潜水含水层则会补给下覆的孔隙-裂隙含水层，因此对于该含水层来说它既有二元结构同时又有双重介质特性。在此基础上关继奎和周唯英假设当下层含水层有抽水存在时上层潜水层中的地下水只有垂向运动，上层松散孔隙潜水弱含水层中水流直接向裂隙迁移，上下含水层具有相同的原始水位，下层孔隙裂隙双重介质发育均匀且以裂隙为主，抽水时地下水从孔隙介质经裂隙介质流向抽水井，地下水运动为平面径向流，在此假定下得到了上覆松散孔隙潜水弱含水层时裂隙为主的孔隙裂隙含水层双重介质中地下水向抽水完整井流动时的水位降深近似公式，结果表明只要上层的松散空隙潜水弱含水层的垂向渗透系数并不是特别小，那么上层的补给作用即便是在抽水早期也会表现出来，而经过长时间抽水后水位降深与抽水时间对数成正比。

冯文光 1989 年提出了双重介质三维数值模拟最优变松弛法定理，并给出最佳变松弛因子计算方式，该公式的稳定性和收敛性较好，从而使得复杂的双重介质三维数值模拟在计算机上实现。

8.2.2　降雨系列及应急开采情景

本书研究采用第 5 章建立的地下水数值模型，重点分析清源山附近 2 条主要断裂对地下水系统的影响。由地质调查，断裂贯穿第三、第四和第五模拟层，给予由经验值确定的水文地质参数并根据对清源山两条断裂地下水补给资源的计算给予相应的补给量，两条断裂带的长度约为 2km，采用 FEFLOW 中 discrete feature element 模块来进行模拟描述。

研究区域内两条断裂带经物探勘探证实存在丰富的地下水量，适合作为附近区域的一个备用水源来考虑，故本研究将抽水井分别设于两条断裂带上，分别考虑在断裂带 1 和 2 上分别抽水及一起抽水的情况，抽水井设于模型第 4 层抽水量分别取 2000m³/d、4000m³/d 以及 6000m³/d（即井 1 开采量 2000m³/d、井 2 开采量 2000m³/d 及井 1、井 2 同时开采量 2000m³/d，抽水量 4000 及 6000m³/d 时相同方法处理），在研究区域内第二层设置 4 个水位观测点，两抽水井、观测点位置及研究区域如图 8.2 所示。分别设置断裂带中渗透系数分别为 300m/d、500m/d 及 1000m/d，研究裂隙渗透系数的变化对抽水时地下水动态变化的影响。降雨量分布取 1976—2002 年及 1971—1975 年中的降雨量资料，取其为一个完整的水文年序列进行模拟，共模拟 32 年。本书取 90% 的保证率，泉州市平均降雨量保证率计算结果见表 8.2。

采用水文系列起始年份为特枯年，然后一个完整的水文系列循环。水文系列中，前 3 年均属特枯年，抽水只是在特枯年份进行，这样在平水年和丰水年断裂带下降的水头和失去的水量可以得到补充，便于可持续的开采和利用。

表 8.2   **泉州市平均降雨量保证率计算结果**

重现期/年	频率/%	设计值/mm	重现期/年	频率/%	设计值/mm	重现期/年	频率	设计值/mm
100000	0.001	4413.8	33.3	3	2133.6	1.3333	75	995.6
50000	0.002	4223.3	20	5	1976.0	1.2500	80	959.6
20000	0.005	3970.3	10	10	1755.7	1.1765	85	922.4
10000	0.01	3777.9	5	20	1524.3	1.1111	90	882.4
1000	0.1	3130.4	4	25	1446.2	1.0526	95	835.4
500	0.2	2932.3	3.33	30	1380.5	1.0309	97	811.9
300	0.33	2787.9	2.5	40	1272.4	1.0101	99	779.7
200	0.5	2667.2	2	50	1182.9	1.0010	99.9	751.2
100	1	2463.7	1.6667	60	1104.2	1.0001	99.99	742.3
50	2	2256.7	1.4286	70	1031.3			

图 8.2   研究区域抽水井（三角点）和观测点位置

8.2.3   地下水流动预测分析

为确定抽水井所能影响的范围，选择 $k = 300$ m/d 抽水量分别为 2000 m³/d、4000 m³/d 和 6000 m³/d 时 3 年结束时的降深等值线进行分析，可获得由于抽水波及的范围（注：本书中降深是由没有抽水井存在时的模拟结果水头减去有抽水井时的模拟结果水头得到的）。

1. 降深等值线变化分析

图 8.3～图 8.5 分别表示应急开采量为 2000m³/d、4000m³/d、6000m³/d 且应急抽水 3 年的降深等值线图。由 3 个图可以看出在特枯抽水期内由抽水所

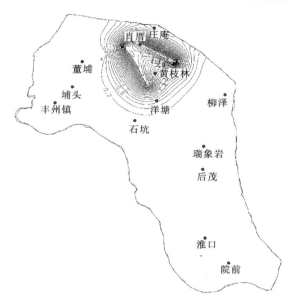

图 8.3　抽水量为 2000m³/d 的降深等值线

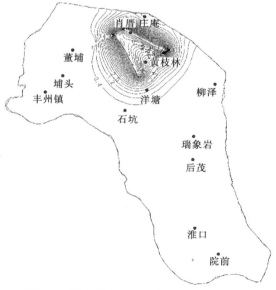

图 8.4　抽水量为 4000m³/d 的降深等值线

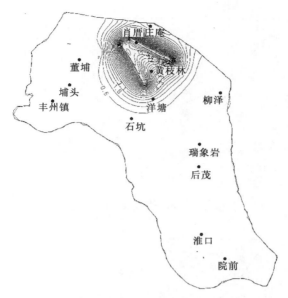

图 8.5 抽水量为 6000m³/d 的降深等值线

引起的影响范围，图中可以看出庄庵、肖厝、黄枝林和洋塘处于抽水的主要影响范围，其余各点受到的影响较小。当取最大抽水量 $Q=6000m³/d$ 时上述 4 个典型区域降深最大，分别为 3.06m、17.14m、9.79m 和 2.44m，其余区域降深则都在 0.6m 以下，该影响范围大概面积为 15km²，其中肖厝所处位置基本上可以认为是影响范围内降深最大处。

采用地下水数值模型模拟了一个水文年过程中地下水的动态变化。当两断裂带渗透系数为 300m/d，抽水量分别为 2000m³/d、4000m³/d 以及 6000m³/d 时 4 个观测点的水位动态如图 8.6～图 8.9 所示。各图中横坐标为模拟时间，纵坐标为观测点降深。

从图 8.6～图 8.9 中可以看出，4 个观测点随抽水井距离远近而有着不同的降深变化幅度。观测点 1 和 2 受抽水影响降深变化幅度较大，在特枯抽水年结束后两年内降深达到最大值随后开始回升；观测点 3 和 4 由于距离抽水井较远而降深变化较小，在特枯抽水年过去多年后降深才到最大值并减小，和观测点 1 和 2 相比具有水头回复明显的具有滞后性，尤其是距离抽水井最远的观测点 4 的降深在模拟期结束时仍然没有达到最大值，但是该点最大降深也仅仅只有 0.4m 左右。综合上述结果，可以看出在枯水年应急抽水过后，观测点的降深会逐渐减小至可以接受的范围。

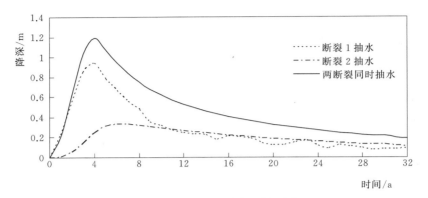

(a) $Q = 2000 \text{m}^3/\text{d}$ 观测点 1 降深变化

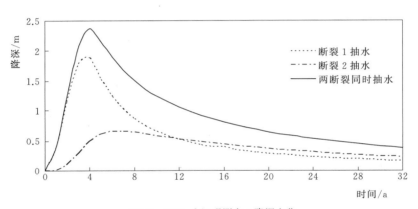

(b) $Q = 4000 \text{m}^3/\text{d}$ 观测点 1 降深变化

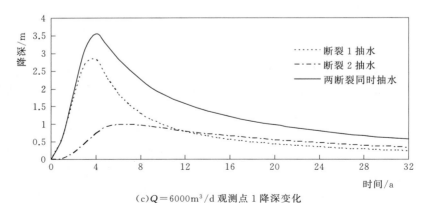

(c) $Q = 6000 \text{m}^3/\text{d}$ 观测点 1 降深变化

图 8.6　$k = 300\text{m}/\text{d}$ 时观测点 1 降深变化

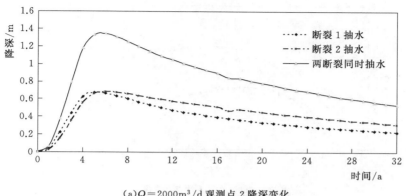

(a)Q＝2000m³/d 观测点 2 降深变化

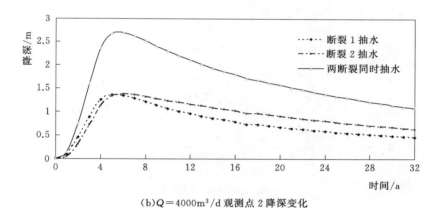

(b)Q＝4000m³/d 观测点 2 降深变化

(c)Q＝6000m³/d 观测点 2 降深变化

图 8.7 k＝300m/d 时观测点 2 降深变化

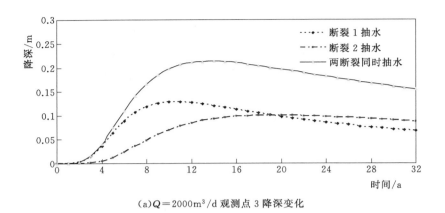

(a)$Q=2000\mathrm{m}^3/\mathrm{d}$ 观测点 3 降深变化

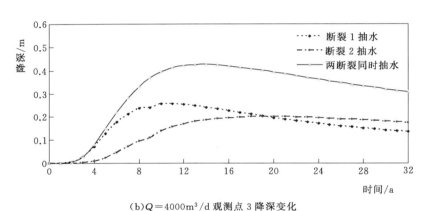

(b)$Q=4000\mathrm{m}^3/\mathrm{d}$ 观测点 3 降深变化

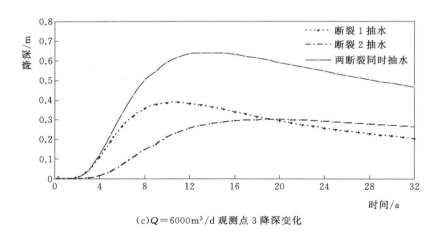

(c)$Q=6000\mathrm{m}^3/\mathrm{d}$ 观测点 3 降深变化

图 8.8　$k=300\mathrm{m}/\mathrm{d}$ 时观测点 3 降深变化

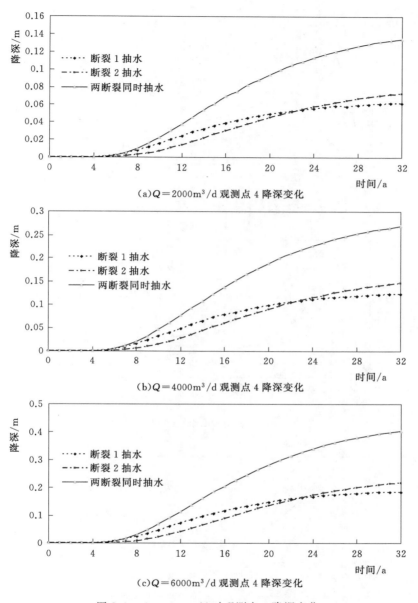

(a)$Q=2000\mathrm{m^3/d}$ 观测点 4 降深变化

(b)$Q=4000\mathrm{m^3/d}$ 观测点 4 降深变化

(c)$Q=6000\mathrm{m^3/d}$ 观测点 4 降深变化

图 8.9　$k=300\mathrm{m/d}$ 时观测点 4 降深变化

2. 断裂带渗透系数对地下水动态的敏感性分析

由于实际工作中断裂带的渗透系数是不确定的，而且在目前没有勘探的情况下，无法获知断裂带准确的渗透系数参数，因此模拟了断裂带渗透系数为 500m/d 和 1000m/d 的情景，其对应结果如图 8.10～图 8.17 所示。

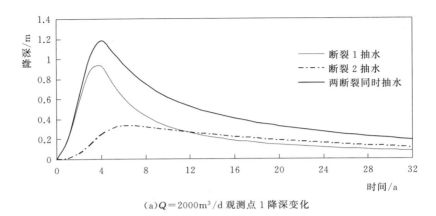

(a)$Q=2000\text{m}^3/\text{d}$ 观测点 1 降深变化

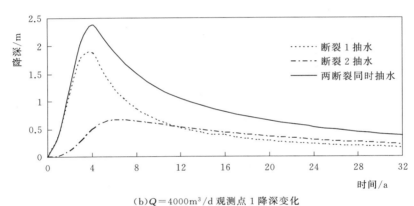

(b)$Q=4000\text{m}^3/\text{d}$ 观测点 1 降深变化

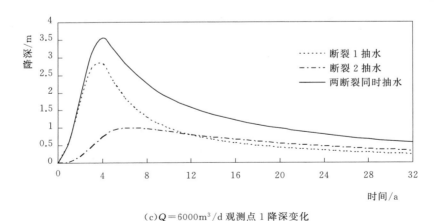

(c)$Q=6000\text{m}^3/\text{d}$ 观测点 1 降深变化

图 8.10　$k=500\text{m}/\text{d}$ 时观测点 1 降深变化

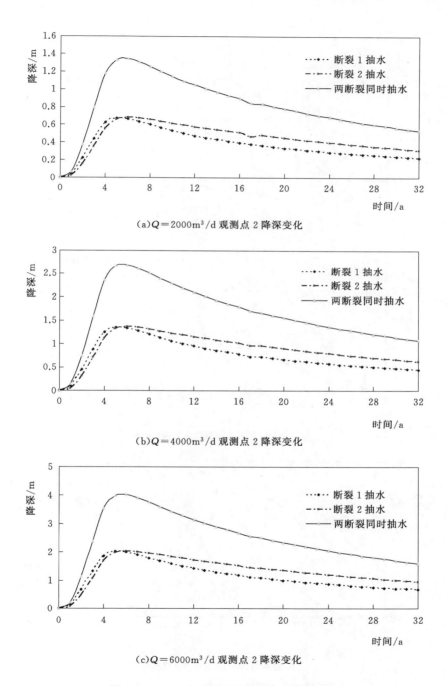

(a)$Q=2000\mathrm{m}^3/\mathrm{d}$ 观测点 2 降深变化

(b)$Q=4000\mathrm{m}^3/\mathrm{d}$ 观测点 2 降深变化

(c)$Q=6000\mathrm{m}^3/\mathrm{d}$ 观测点 2 降深变化

图 8.11　$k=500\mathrm{m}/\mathrm{d}$ 时观测点 2 降深变化

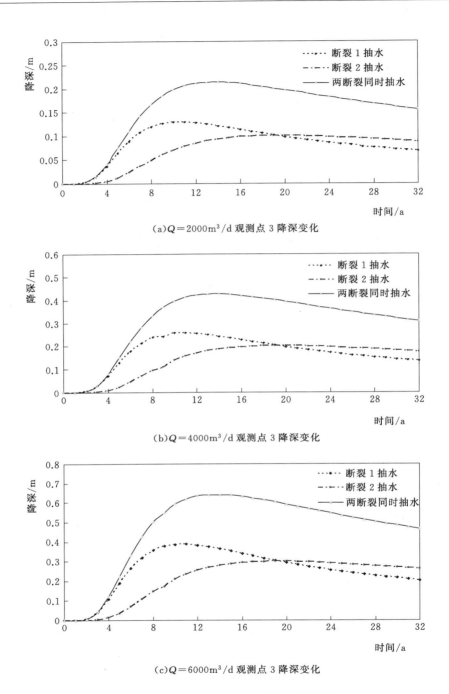

(a)$Q=2000\text{m}^3/\text{d}$观测点 3 降深变化

(b)$Q=4000\text{m}^3/\text{d}$观测点 3 降深变化

(c)$Q=6000\text{m}^3/\text{d}$观测点 3 降深变化

图 8.12　$k=500\text{m}/\text{d}$ 时观测点 3 降深变化

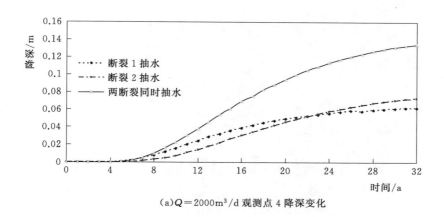

(a)Q＝2000m³/d 观测点 4 降深变化

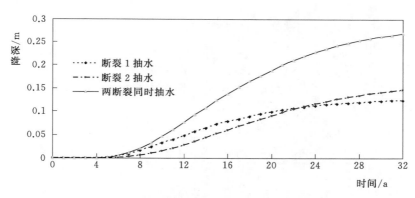

(b)Q＝4000m³/d 观测点 4 降深变化

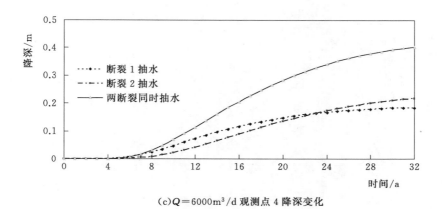

(c)Q＝6000m³/d 观测点 4 降深变化

图 8.13 k＝500m/d 时观测点 4 降深变化

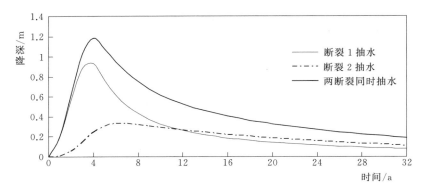

(a) $Q = 2000 \text{m}^3/\text{d}$ 观测点 1 降深变化

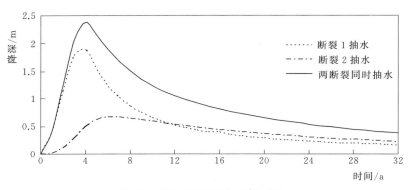

(b) $Q = 4000 \text{m}^3/\text{d}$ 观测点 1 降深变化

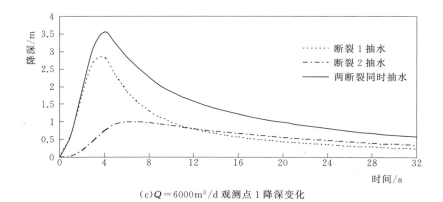

(c) $Q = 6000 \text{m}^3/\text{d}$ 观测点 1 降深变化

图 8.14　$k = 1000 \text{m}/\text{d}$ 时观测点 1 降深变化

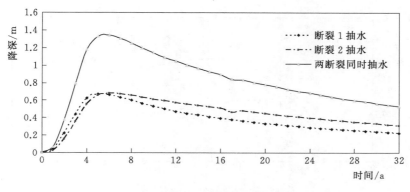

(a)Q＝2000m³/d 观测点 2 降深变化

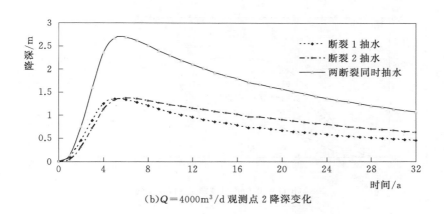

(b)Q＝4000m³/d 观测点 2 降深变化

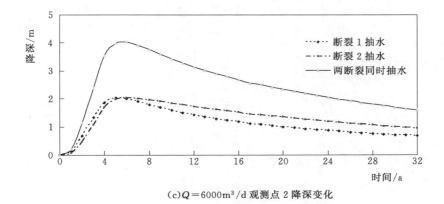

(c)Q＝6000m³/d 观测点 2 降深变化

图 8.15　k ＝ 1000m/d 时观测点 2 降深变化

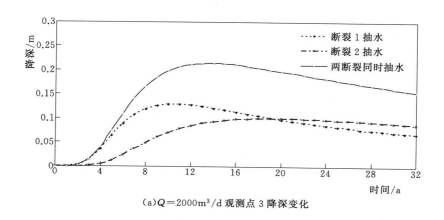

(a)$Q=2000\text{m}^3/\text{d}$ 观测点 3 降深变化

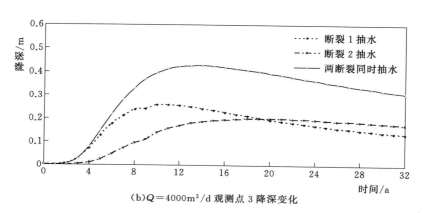

(b)$Q=4000\text{m}^3/\text{d}$ 观测点 3 降深变化

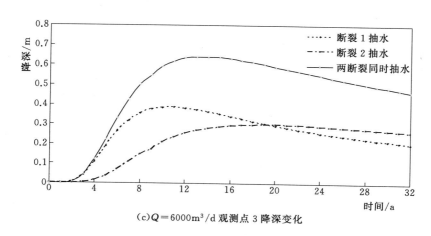

(c)$Q=6000\text{m}^3/\text{d}$ 观测点 3 降深变化

图 8.16　$k=1000\text{m}/\text{d}$ 时观测点 3 降深变化

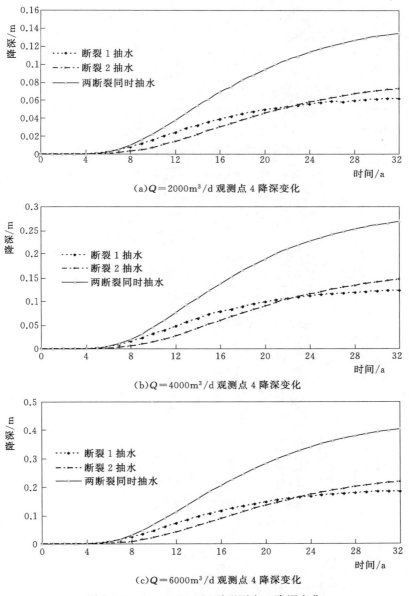

(a)$Q=2000\mathrm{m^3/d}$观测点 4 降深变化

(b)$Q=4000\mathrm{m^3/d}$观测点 4 降深变化

(c)$Q=6000\mathrm{m^3/d}$观测点 4 降深变化

图 8.17　$k=1000\mathrm{m/d}$ 时观测点 4 降深变化

　　为了更好地表示断裂带渗透系数对地下水动态的影响，从图 8.7 和图 8.18 中的结果绘制了图 8.18～图 8.21，即表示不同观测点对断裂带渗透系数取不同值时的动态变化，从图中可以发现，断裂带本底的渗透系数很大时，渗透系数改变对 4 个观测点的水位动态影响很小。

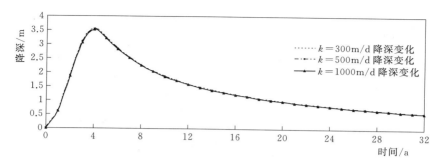

图 8.18 断裂带不同渗透系数时观测点 1 的降深对比

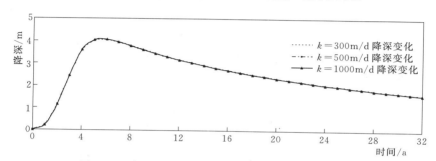

图 8.19 断裂带不同渗透系数时观测点 2 的降深对比

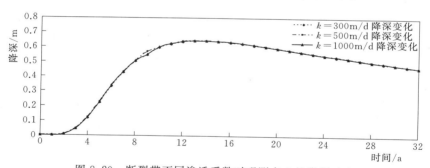

图 8.20 断裂带不同渗透系数时观测点 3 的降深对比

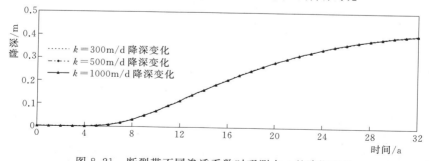

图 8.21 断裂带不同渗透系数时观测点 4 的降深对比

分析上述 4 个观测点不同渗透系数时的降深对比图可以得知，在研究区内断裂带抽水区域裂隙渗透系数的改变对观测点降深变化的影响很小。造成这种现象的第一个原因可能是两断裂带裂隙宽带比较小，第二个原因是观测孔设置于潜水层而第三层隔水性较强，还有裂隙渗透系数与周围介质渗透系数相差较大，从而导致了裂隙渗透系数的改变对抽水所形成的研究区域降深影响不大。同时根据上面得出的结果可以得知，观测点 1 和 2 的水头变化比较明显，在抽水时段前后存在比较大的降深，两者的水头随着特枯年大量抽水和平丰年的降水补给而上下波动，但是在模拟时段内的适度抽水并不会对地区水动态平衡造成影响，尽管靠近抽水井的区域由于抽水所形成的降深比较大，但是越远离抽水井研究区域的降深就越小，实际影响区域可以控制在一个不太大的范围内，而且水源地在枯水年失去的水量可以通过平丰年的补给而回复，抽水所形成的降深会随着平丰年的降雨补给逐渐减小，其实如果以模拟初始阶段的水头作为对比，模拟期结束之前观测点的水头就已经恢复了初始状态。因此对于一个具有完整丰平枯年的水文序列来说，对研究区域内可能富水地带断裂而言，仅在特枯年份进行的适度抽水是可以接受的，因为抽水对区域的影响会在随后的平丰年基本得到消除，即研究区域的断裂构造有着作为应急水源地的潜力。

8.2.4 潜在污染源对应急水源地影响的预测分析

在建立的研究区地下水流数值模型基础上，考虑溶质运移的弥散系数等参数，可以预测分析地下水受到污染的水质变化。

1. 预测方案设置

建立的水质模型主要分析清源山断裂附近地下水遭受污染可能对应急水源地饮用供水产生的影响，假设该污染点位于断裂带 2 东北部约 1.5km，肖厝东北 1km 左右，考虑该研究区域面积后将孔隙和裂隙含水层的纵向和横向弥散系数分别为 100m 和 10m，孔隙度分别为 0.3 和 0.1，分子扩散系数取为 $6.6 \times 10^{-6} \mathrm{m}^2/\mathrm{s}$，假定污染源随地下水运动过程中解吸程度较小，初始时地下水中污染源浓度很小，可近似认为 0mg/L。模型运算的初始时间为 2008 年 4 月，预测的时间为 30 年，降雨量和蒸发量数据采用多年平均的气象数据，由于开采井设在第 4 层，因此输出浓度等值线图都是模拟区域第 4 层的结果。假设污染源处地下水遭到有机苯污染，该污染源对应的浓度 500mg/L。

2. 有机苯污染预测分析

选取苯污染源，集中式饮用水源苯标准为 0.01mg/L。苯随地下水运移的速度是缓慢的，图 8.22～图 8.25 显示了两条断裂带中渗透系数 $k = 300\mathrm{m/d}$ 时经过 1 年、10 年、20 年和 30 年的地下水中苯浓度等值线图，图中苯等值线图最外层浓度均为 1mg/L。从图中可以看到，1 年后肖厝地下水中苯浓度就超过了 1mg/L，随着时间的推移，大约 10 年后断裂带 2 中地下水中苯浓度也开始超过 1mg/L。说明如果将断裂带作为地下水应急水源地建设目标，需要密切注意潜在污染源对水源地水质的影响，地下水中一旦发生污染，即可造成应急水源地水质的恶化。

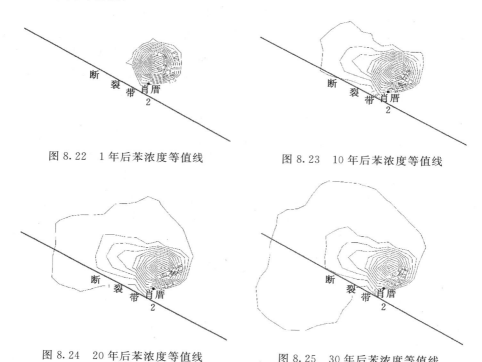

图 8.22　1 年后苯浓度等值线　　　　图 8.23　10 年后苯浓度等值线

图 8.24　20 年后苯浓度等值线　　　　图 8.25　30 年后苯浓度等值线

第9章 结论与建议

本书在深入了解研究区的地质构造和水文地质条件的基础上，利用地质学、地下水动力学、水文地球化学、地下水数值模拟等多学科的技术和方法相结合，对泉州市沿海地区地下水资源的质和量有了进一步的认识。

9.1 主 要 结 论

（1）形成了对地下水形成条件的认识。研究区主要包括新华夏系的构造主要有东西向、北东向、北北东向、北西向和南北向断裂带。其中，东西向构造有永春-郊尾和安溪-惠安断裂带，以压性或压扭性为主；北东向构造主要有永春-蓬莱、郊尾-新圩-嵩屿褶断带和惠安-晋江-港尾断裂带，以压性或压扭性为主；北北东向构造主要有东平-同安-厦门和马甲-磁灶-莲河断裂带，显示充水特征；北西向构造主要有永安-晋江断裂，显示压张性交替特征；南北向构造主要有安溪东溪-金谷、泉州白石格-河市断裂。新构造运动的主要表现为第三纪以来的地震、温泉出露和地壳形变。具有相对较大供水潜力的松散岩类孔隙水主要分布于河流漫滩和一级阶地。而沿海的红土台地和低山丘陵区，主要为风化类孔隙裂隙水，地下水资源较贫乏，难以集中开采利用。由于研究区地质构造发育，存在地下热水资源和矿泉水，主要表现为南安码头的温泉和清源山一带的矿泉水。裂隙导水性一般不大，但在强烈构造活动处，其导水性较好，当补给水源比较充足时，水量比较丰富。例如在晋江深沪镇科任村和惠安涂寨化村。

（2）形成了对地下水动态特性的认识。以泉州-晋江平原为例，在合理概化模拟区的水文地质条件基础上，建立了5个模拟层的三维地下水数值模型，包括孔隙和裂隙含水层。基于抽水试验、水文地质钻孔、数字地形高程、水文、气象、地下水位统测和地下水开发利用等数据，设置模拟期为2008年4月22日至7月12日，2008年6月24日至7月12日（丰水期）为模拟参数率定期，拟合效果良好。由模拟分析得知，模拟区的主要入渗量来自大气降雨，占总补给量的90%左右，地下水开采量占总补给量的30%左右，而地下水向海和晋江排泄量占总补给量的70%左右。基于地下水质污染的风险，着重分析了南安市两处离晋江800m和1000m处地下水中COD、NH_3-N和有机物苯泄漏可能对晋江的影响，发现经过 20～30 年时间，晋江水质将受到影响。

（3）评价了研究区的地下水资源量。将研究区划分为 5 个地下水子系统，每个子系统有着相对独立的补径排条件。基于"地下水可开采量是补给量的增量和排泄量的减量之和"的理论，计算了研究区地下水天然补给量。评价的晋江流域地下水子系统、晋江南沿海地下水系统、洛阳江地下水子系统、围头湾地下水子系统和惠安东沿海地下水子系统，松散岩类介质区多年平均地下水补给资源量（＜1g/L）分别为 7015.34 万 m^3、495.33 万 m^3、117.60 万 m^3、459.06 万 m^3 和 1182.70 万 m^3，多年平均基岩裂隙水补给资源量分别为 30197.05 万 m^3、2196.60 万 m^3、0.0 万 m^3、4629.18 万 m^3 和 6592.20 万 m^3。整个研究区松散岩类孔隙水补给资源量为 9270.03 万 m^3（TDS＜1g/L）、7199.53 万 m^3（TDS＞1g/L）。松散岩类孔隙水补给模数在 21.00 万～25.30 万 $m^3/(km^2-a)$ 范围内，基岩裂隙水的补给模数为 10.80 万～13.80 万 $m^3/(km^2-a)$。研究区地下水补给资源量约为 6 亿 m^3/a。根据完整水文地质单元确定的地下水补给模数和开采模数，评价的泉州市区、晋江市、南安市、石狮市和惠安县的松散岩类介质区多年平均地下水补给资源量（＜1g/L）分别为 2279.19 万 m^3、2362.46 万 m^3、5962.61 万 m^3、199.31 万 m^3 和 1829.39 万 m^3，多年平均基岩裂隙水补给资源量分别为 8918.76 万 m^3、4771.12 万 m^3、21619.40 万 m^3、1155.85 万 m^3 和 6875.80 万 m^3。

（4）综合评价了地下水质量。根据《地下水质量标准》（GB 14847—93），选取 pH 值、总硬度、溶解性总固体、硫酸根离子、氯离子、铁、锰、铜、锌、硝酸根离子、亚硝酸根离子、氨氮、氟化物、汞、六价铬离子、铅共 16 个评价指标对泉州市沿海地区地下水质量进行了综合评价，发现研究区大部分地段三氮含量偏高，南安部分地段地下水偏酸性，晋江市和惠安县部分地方 Cl^- 浓度高，晋江市部分地区 Mn 含量偏高。

（5）分析了地下水质污染特征。脆弱性是表征该系统的水质对人为和/或自然作用的敏感性。基于已有的地下水资源利用 DRASTIC 模型对研究区地下水易污染性进行了评价，并完成了地下水污染风险评价。据地下水脆弱性评价可知，山区部分是最不易污染的；冲洪积平原是最易污染的，其次易污染的区域是山区和平原之间的部分。研究区易污染区是由于该地区人口密度大，生产生活垃圾和小工业废水管理不善，加之大量废弃的露天井穿透含水层，因其本身污染而加大了其周围含水层的污染风险。划分了地下水污染风险的红黄蓝分区，红区主要集中在晋江、石狮、惠安、南安沿海区域；黄区主要位于中部泉州、南安、惠安、石狮的农业作物种植区和东部、南部人口密集区；蓝区主要位于南安、惠安等东北部山区。

（6）评价了地下水开发利用潜力。泉州市沿海地区地下水的开采多以孔隙水或残积层孔隙-裂隙水为主,从地下水开发利用历史可知,地下水开采有逐渐加大的趋势,由20世纪70年代的生活用水为主,过渡到80年代的以农业为主,90年代以生活用水为主。对基准年(2006年)地下水开发利用潜力进行了评价,南安和泉州市区地下水仍有一定的地下水开采潜力,惠安市地下水采补基本平衡,石狮市和晋江市地下水超采严重,应当采取适当禁采措施。对未来5年和未来15年的水平年的泉州市沿海地区水资源需水预测分析可知,整个沿海区,在多年平均、保证率为50%、75%和90%时,如果开发利用构造裂隙水,未来5年地下水开采基本可满足供水需求,而在未来15年,地下水开采将满足不了即定的需求。

(7)探讨了地下水应急水源地建设的方向。建立了裂隙区应急地下水水源地开采的孔隙-裂隙地下水模型。针对降雨保证率为90%时的水文年,以不同渗透系数的裂隙介质作为应急供水源的地下水开采情景,在设置的断裂带渗透系数为300m/d、500m/d和1000m/d时,断裂带渗透系数的改变对地下水的水位动态影响很小,而且估计了在应急地下水开采时的降深等值线,可估计地下水开采的最大影响范围,从水文系列的年模拟结果反映特枯年份疏干裂隙含水层的水头是可以通过其他丰水年份得到逐步恢复的,证实了研究区域建立应急水源地的可行性。在断裂附近区域进行了污染物溶质运移的模拟,以1000mg/L的苯污染源作为初始条件,探讨了裂隙不同渗透系数下污染物浓度随时间的变化分布图,结果表明断裂带附近区域地下水易受污染,应加强拟建水源地的保护和管理工作。理论上分析了泉州市沿海边界滩涂围垦对地下水流和水质的影响,滩涂围垦的最终结果将提高地下水位,使围垦处的地下水质淡化,但过程相当缓慢,要经过上百年甚至千年的时间才达到平衡。基于泉州市水资源的特点,分析提出了地下水开发利用与保护应当着重考虑的几个关键内容,包括地下水库建设的可能性、应急地下水源的城市供水、地表水和地下水资源优化调度、农村饮用水安全和地下水保护。基于地下水的特点和含水介质的导水性和裂隙发育特征,提出了城市应急地下水源的开发方向。

9.2 主 要 建 议

本书主要围绕泉州市沿海地区地下水资源评价与勘探展开了一些基础性的工作,地下水类型以孔隙水和孔隙-裂隙水为主,基于本书的工作,提出以建议。

(1)加强地下水的管理,合理和充分利用地下水资源。泉州市作为沿海地区,地表水资源丰富,水利工程建设相对完善,但地下水由于收费与地表水存在较大差价,长期粗放的地下水管理方式和不合理的地下水开采造成了已有的和潜在的负面影响。人类的生活生产垃圾不合理处置使得地下水质恶化，据地下水样调查和检测分析，泉州市部分居民生活区地下水质量不容乐观，在晋江南部沿海地区由于地下水强采、围垦土地和制盐等工程已使地下水咸化。建议从地下水取水总量控制和水位控制技术等方面进行研究，特别是地下水潜在污染源的管理，提出地下水红黄蓝分区管理方案，科学管理地下水，将对于保证供水安全，促进水资源的优化配置。

（2）泉州市地下水相关的基础工作比较薄弱，缺乏系统的水位和水质的动态监测。地下水持续超采可能会引发地下水位下降、地面沉降、地面塌陷、地裂缝和海水入侵等环境地质问题。针对此类问题，需要定期定点观测以准确分析地下水动态。因此必须加强地下水基本背景资料的调查工作，其中包括地下水开发利用现状、地下水质状况、地下水位和水质的动态监测。特别是地下水质污染源现状调查和相关的动力弥散参数等，前期工作少。

（3）建立地下水信息数据库系统，集成地下水位和水质动态信息、水文地质钻孔信息、含水层的水文地质结构、地下水类型及分布和地下水数值模型库等，提高地下水管理的能力。

附　图

附图1　泉州市沿海地区地下水研究实际材料图

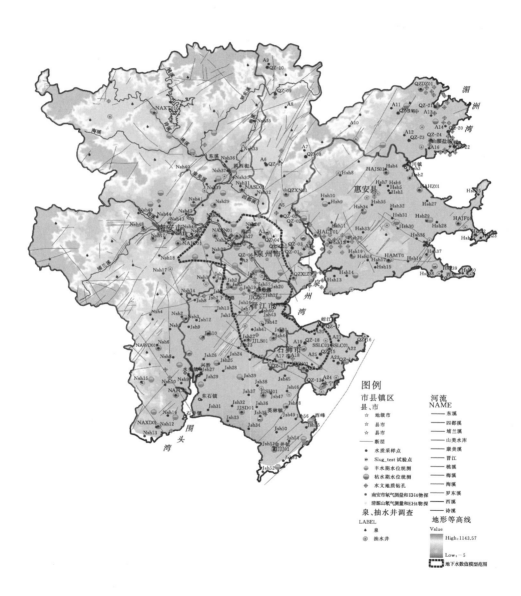

附图2 泉州市沿海地区行政区地下水资源分布图

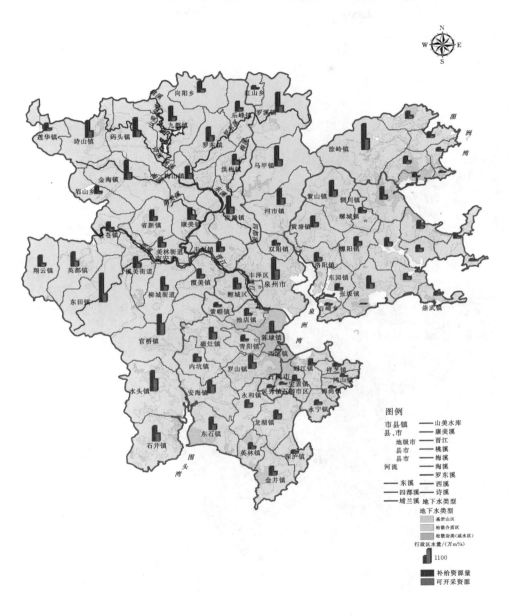

附图3　泉州市沿海地区地下水质量综合评价分区图

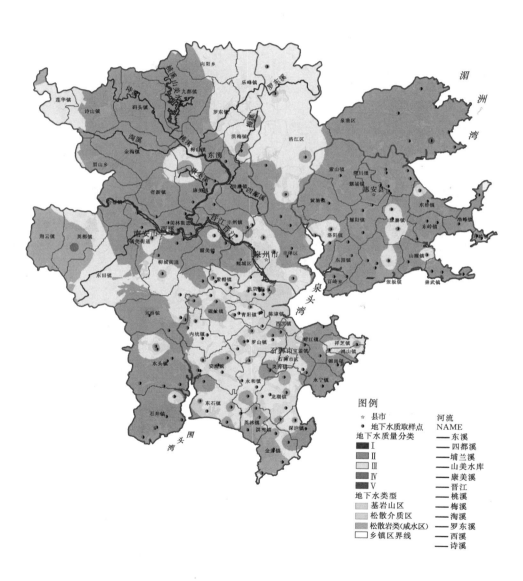

附图 4　泉州市沿海地区含水层导水性图

图例

· Slug test点/K值
—— 断层
地下水类型
地下水类型
基岩山区
松散介质区
松散岩类（咸水区）
河流
—— 东溪
—— 四都溪

—— 埔兰溪
—— 山美水库
—— 康美溪
—— 晋江
—— 桃溪
—— 梅溪
—— 海溪
—— 罗东溪
—— 西溪
—— 诗溪

附图 5　泉州市沿海地区行政区现状地下水开采和开发潜力图

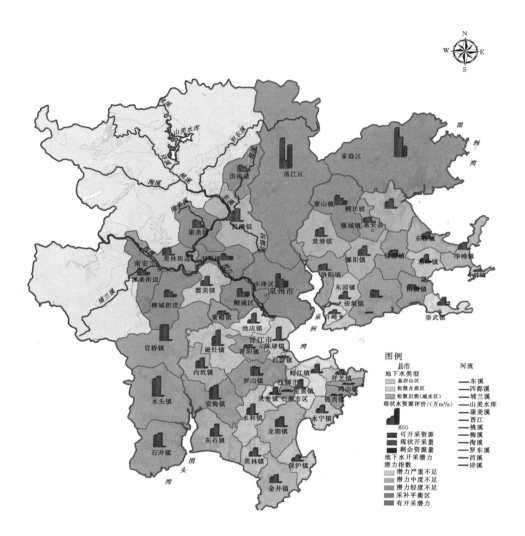

参 考 文 献

[1] 陈崇希. 地下水资源评价的原则和勘探思想的探讨 [C] //地质矿产部水文地质工程
地质研究所. 全国第一届地下水资源评价学术研讨会论文集. 北京：地质出版社，
1982：22 - 33.

[2] 陈崇希. 关于地下水开采引发地面沉降灾害的思考 [J]. 水文地质工程地质，
2000 (1)：45 - 48，60.

[3] 陈崇希，裴顺平. 地下水开采-地面沉降模型研究 [J]. 水文地质工程地质，
2001 (2)：5 - 8.

[4] 陈鸿汉，张永祥，王新民，等. 沿海地区地下水环境系统动力学方法研究 [M]，北
京：地质出版社，2002.

[5] 陈桥，史文静，芦清水，等. 海水入侵对莱州湾地下水氟释放潜在影响研究 [J]. 海
洋科学进展，2012，30 (2)：219 - 228.

[6] 陈赟. 从"围海造地"到"还地为湖"——荷兰水利建设的环保举措 [J]. 发展，
1996 (11)：50.

[7] 陈钟祥，姜礼尚. 双重介质渗流方程组的精确解 [J]. 水文地质工程地质，
1979 (3)：43 - 45.

[8] 成建梅，李国敏，陈崇希. 滨海、海岛海水入侵数值模拟研究：以山东烟台市和广
西涠洲岛为例 [M]. 武汉：中国地质大学出版社，2004.

[9] 杜凌. 全球海平面变化规律及中国海特定海域潮波研究 [D]. 青岛：中国海洋大学
博士学位论文，2005.

[10] 冯士筰，李凤岐，李少菁. 海洋科学导论 [M]. 北京：高等教育出版社，1999，
26 - 27.

[11] 冯文光. 双重介质三维数值模拟的最优变松弛法 [J]. 天然气工业，1989，9 (4)：
9 - 23.

[12] 高童，胡立堂. 基于 GIS 应用多指标污染源评价方法评价泉州市地下水污染载荷
[J]. 地球科学进展，2012，27 (s)：337 - 339.

[13] 关继奎，周唯英. 被松散孔隙弱含水层覆盖的孔隙-裂隙含水层中地下水的平面径向
流计算方法 [J]. 勘察科学技术，1983，(1)：51 - 53.

[14] 何庆成，叶晓滨，李志明，等. 我国地面沉降现状及防治战略设想 [J]. 高校地质学
报，2006，12 (2)：161 - 168.

[15] 侯西勇，张安定，王传远，等. 海岸带陆源非点源污染研究进展 [J]. 地理科学进
展，2010，29 (1)：73 - 78.

[16] 福建省区域地质测量队. 1：20 万泉州幅、厦门幅区域地质调查报告 [R]. 1977.

[17] 福建省水文工程地质队. 1：20 万福清幅、南日岛幅、泉州幅、厦门幅区域水文地质
普查报告 [R]. 1979.

[18] 福建省第一水文地质工程地质大队. 1/10 万农业水文地质区划图及说明书

[R]. 1983.

[19] 福建省闽东南地质大队. 1：5 万泉州、崇武幅水文地质工程地质调查报告［R］.
1985－1987.

[20] 福建省闽东南地质大队. 1：2.5 万石狮、晋江地区水文地质工程地质环境地质调查
报告［R］. 1990.

[21] 福建省闽东南地质大队. 福建省南安市东南部地区地下水资源调查评价报告
［R］. 2006.

[22] 福建省闽东南地质大队. 福建省惠安县地下水资源调查评价报告［R］. 2003.

[23] 福建省闽东南地质大队. 福建省晋江市地下水资源调查评价报告［R］. 2004.

[24] 福建省闽东南地质大队. 1：2.5 万石狮、晋江地区水文地质工程地质环境地质调查
报告［R］. 1990.

[25] 闽东南地质大队. 福建省晋江市、石狮市区域水文地质调查报告［R］. 2001.

[26] 福建省国土资源厅. 全国地下水资源评价项目"福建省地下水资源评价"［R］. 2002.

[27] 福建省水利水电勘测设计院. 晋江市引水第二通道工程水资源论证报告［R］. 2007.

[28] 福建省水文工程地质队. 1：20 万福清幅、南日岛幅、泉州幅、厦门幅区域水文地质
普查报告［R］. 1979.

[29] 胡尊国. 双重介质模型研究现状-裂隙-孔隙含水层的数学模型［J］. 地质科技情报，
1986，5 (3)：94－104.

[30] 郇环，王金生，胡立堂，等. 沿海大降雨区地下水利用探讨——以泉州沿海地区为
例［J］. 安徽农业科学，2011，39 (1)：509－511.

[31] 黄冉.《中国海洋发展报告 (2010)》在京发布［N］. 中国海洋报，2010－05－14.

[32] 供水水文地质手册第三册［M］. 北京：地质出版社，1983.

[33] 季子修，施雅风. 海平面上升、海岸带灾害与海岸防护问题［J］. 自然灾害学报，
1996 (02)：60－68.

[34] 郎兆新. 油藏工程基础［M］. 石油大学出版社，1992：24－33.

[35] 刘光亚. 关于地下水资源的概念和评价问题［C］//地质矿产部水文地质工程地质研
究所. 全国第一届地下水资源评价学术研讨会论文集. 北京：地质出版社，
1982. 46－51.

[36] 刘毅. 地面沉降研究的新进展与面临的新问题［J］. 地学前缘，2001，8 (2)：273－277.

[37] 鹿心社. 中国海岸带面临的主要问题［N］. 中国海洋报，2005－08－30.

[38] 罗亚平. 孔隙-裂隙承压水一个解式及其应用［J］. 煤田地质与勘探，1981
(5)：30－35.

[39] 马凤山，蔡祖煌，宋维华. 海水入侵机理及其防治措施［J］. 中国地质灾害与防治学
报，1997 (04)：17－23.

[40] 梅茗. 一类反应方程扩散组整体解存在与唯一性［J］. 江西师范大学学报 (自然科学
版)，1988，12 (2)：83－92.

[41] 梅茗. 关于孔隙-裂隙流的定性研究［J］. 华东地质学院学报，1992，15 (1)：95－100.

[42] 莫杰，刘守全. 全球变化-海洋地学的热点问题［J］. 地学前缘，1997，4 (1－2)：
227－234.

[43] 钱家忠，汪家权，葛晓光，张寿全，李如忠. 我国北方型裂隙岩溶水流及污染物运
移数值模拟研究进展［J］. 水科学进展，2003，14 (4)：509－513.

[44] 曲焕林. 黄土塬区的抽水试验分析 [J]. 水文地质工程地质，1979（3）：112－115.

[45] 施雅风，赵希涛. 中国气候与海南变化及其趋势和影响（2）：中国海面变化 [M].
青岛：山东科学技术出版社，1996，376－377.

[46] 田开铭. 地下水耕耘者（一）[M]. 北京：中国大地出版社，2003.

[47] 同登科，陈钦雷，崔检春. 一类双重介质异常渗流问题的精确解及压力动态特征
[J]. 石油大学学报，1999，23（5）：38－42.

[48] 王焰新. 地下水污染与防治 [M]. 北京：高等教育出版社，2007.

[49] 肖树铁，庞炳乾，叶剑林. 孔隙-裂隙含水层地下水向水井流动特性的研究 [J]. 水
文地质工程地质，1979，（3）：45－47.

[50] 薛禹群. 地下水动力学 [M]. 北京：地质出版社，1979：68－79.

[51] 薛禹群，张云，叶淑君，李勤奋. 中国地面沉降及其需要解决的几个问题 [J]. 第四
纪研究，2003，23（6）：585－593.

[52] 谢秀辉，张永祥. 双层介质含水层求参方法探讨 [J]. 长春地质学院学报，1990，
20（2）：205－212.

[53] 殷昌平，孙庭芳，金良玉，温廷作，龙绍都. 地下水水源地勘查与评价 [M]. 北京：
地质出版社，1993.

[54] 杨齐青，孙晓明，杜东，方成. 中国海岸带环境地质编图研究 [J]. 地质调查研究，
2012，35（4）：288－292.

[55] 杨天行，谢秀辉，王洪涛. 裂隙水系统中双重介质溶质运移模型与方法-研究综述
[J]. 工程勘察，1989，（1）：23－27.

[56] 仪彪奇，胡立堂，王金生，楚敬龙. 泉州沿海地区地下水易污性评价 [J]. 水电能源
科学，2009，27（4）：40－42.

[57] 尹鸿伟. 日本填海的历史教训 [J]. 南风窗，2006（16）：44－45.

[58] 殷跃平，张作辰，张开军. 我国地面沉降现状及防治对策研究 [J]. 中国地质灾害与
防治学报，2005，16（2）：1－8.

[59] 张阿根，杨天亮. 国际地面沉降研究最新进展综述 [C].“资源保障　环境安全——
地质工作使命”华东六省一市地学科技论坛文集，第九届华东六省一市地学科技论
坛，2011. 中国浙江杭州.

[60] 张文渊. 沿海地区高矿化地下水的成因及其演变规律 [J]. 水土保持通报，1998，
18（3）：34－38.

[61] 张玉珍. 福建省沿海农村地下水污染成因及防治对策 [J]. 福建工程学院学报，
2011，（01）：46－50.

[62] 郑铣鑫，武强，应玉飞，谢晓程，侯艳. 21 世纪我国沿海地区地面沉降防治问题
[J]. 科技导报，2002，9：47－50.

[63] 朱高儒，许学工. 填海造陆的环境效应研究进展 [J]. 生态环境学报，2011，
20（4）：761－766.

[64] 朱菊艳. 沧州地区地面沉降成因机理及沉降量预测研究 [D]. 北京：中国地质大学
博士学位论文，2014.

[65] 朱晓东，李杨帆，桂峰. 我国海岸带灾害成因分析及减灾对策 [J]. 自然灾害学报，
2001（04）：26－29.

[66] Alamgir A，Khan M A，Schilling J，et al. Assessment of groundwater quality in the

coastal area of Sindh province, Pakistan [J]. Environmental monitoring and assessment, 2016, 188 (2): 1-13.

[67] Aller I, Bennet T, Lehr J H, Petty R J. DRASTIC: a standardized system for evaluating groundwater pollution potential using hydrogeologic settings [R]. U. S. EPA Report. 1987.

[68] Bredehoeft J D. The water budget myth revisited: why hydrogeologists model [J]. Ground water, 2002, 40 (4): 340-345.

[69] Capone D G, Bautista M F. A groundwater source of nitrate in nearshore marine sediments [J]. Nature, 1985, 313: 214-216.

[70] Chen J Y, Chen S L. Estuarine and coastal challenges in China [J]. Chinese Journal of Oceanology and Limnology, 2002, 20 (2): 174-181.

[71] Chen K P, Jiao J J. Seawater intrusion and aquifer freshening near reclaimed coastal area of Shenzhen [J]. Water Science and Technology: Water Supply, 2007, 7 (2): 136-145.

[72] Crotwell A M, Moore W S. Nutrient and radium fluxes from submarine groundwater discharge to Port Royal Sound, South Carolina [J]. Aquatic Geochemistry, 2003, 9 (3): 191-208.

[73] Crowe A S, Shikaze S G. Linkages between groundwater and coastal wetlands of the Laurentian Great Lakes [J]. Aquatic Ecosystem Health & Management, 2004, 7 (2): 199-213.

[74] David A L, Steven P P. Simulation of ground-water flow and land subsidence, Antelope Valley Ground-water basin, California [R]. U. S. Geological Survey, Water-Resources Investigations Report 03-4016. 2003.

[75] Diersch H-J G. WASY Software FEFLOW (R) -Finite Element Subsurface Flow & Transport Simulation System: Reference Manual [R]. WASY GmbH Institue for Water Resources Planning and Systems Research, Berlin, Germany, 2005.

[76] Dinshaw N. C. A Review of techniques for studying freshwater/seawater relationships in coastal and island groundwater flow systems [R]. Water Resources Research Center, University of GUAM, Technical Report No. 11. 1980.

[77] Ericson J P, Vörösmarty C J, Dingman S L, et al. Effective sea-level rise and deltas: causes of change and human dimension implications [J]. Global and Planetary Change, 2006, 50 (1): 63-82.

[78] Faneca Sànchez M, Gunnink J L, van Baaren E S, Oude Essink G H P, Siemon B, Auken E, Elderhorst W, de Louw, P G B. Modelling climate change effects on a Dutch coastal groundwater system using airborne electromagnetic measurements [J]. Hydrol. Earth Syst. Sci., 16, 44994516, doi: 10. 5194/hess1644992012, 2012.

[79] Ferguson G, Gleeson T. Vulnerability of coastal aquifers to groundwater use and climate change [J]. Nature Climate Change, 2012, 2 (5): 342-345.

[80] Fetter C W. Applied hydrogeology [M]. the fourth edition. New Jersey: Upper Saddle River, 2001.

[81] Galloway D, Jones D R, Ingebritsen S E. Land subsidence in the United States [M].

US Geological Survey Reston, VA, USA, 1999.

[82] Gregg K. Literature review and synthesis of land-based sources of pollution affecting essential fish habitats in southeast Florida [R]. Report prepared for NOAA Fisheries, West Palm Beach, FL, 2013.

[83] Guo H, Jiao J J. Changes of coastal groundwater systems in response to large-scale land reclamation [J]. New Topics in Water Resources Research and Management, 2008: 79 – 136.

[84] Hu L T, Jiao J J, Guo H P. Analytical studies on transient groundwater flow induced by land reclamation [J]. Water Resources Research, 2008, 44 (11), W11427, doi: 10. 1029/2008 WR006926.

[85] Hu L T, Yi B Q, Wang J S. The faced challenges of sustainable groundwater use in the Quanzhou coastal area [C] //In the Proceedings of International Conference on Energy and Environment Technology, Guilin, China, Published by the IEEE Computer Society, 2009, Volume (II): 852 – 855.

[86] Huyakorn P S, Anderson P F, Mercer J W, et al. Saltwater intrusion in aquifers: development and testing of a three-dimensional finite element model [J]. Water resources research, 1987, 23 (2): 293 – 312.

[87] Jaeger J C, Cook N G W, Zimmerman R W. Fundamentals of Rock Mechanics [M]. the fourth edition. Blackwell Publishing, Malden, MA, USA. 2007.

[88] Johannes R E. Ecological significance of the submarine discharge of groundwater [J]. Marine Ecology-Process Series, 1980, 3 (4): 365 – 373.

[89] Joseph K A, Balchand A N. The application of coastal regulation zones in coastal management—appraisal of Indian experience [J]. Ocean & coastal management, 2000, 43 (6): 515 – 526.

[90] Khan A E, Ireson A, Kovats S, et al. Drinking water salinity and maternal health in coastal Bangladesh: implications of climate change [J]. Environmental health perspectives, 2011, 119 (9): 1328 – 1332.

[91] Morton R A, McKenna K K. Analysis and projection of erosion hazard areas in Brazoria and Galveston Counties, Texas [J]. Journal of Coastal Research, 1999, SI: 106 – 120.

[92] Nalasimha T N. Multidimensional numerical simulation of fluid flow in fault porous media [J]. Water Resources Research, 1983: 138 – 151.

[93] Post V. Fresh and saline groundwater interaction in coastal aquifers: is our technology ready for the problems ahead? [J]. Hydrogeology Journal, 2005, 13 (1): 120 – 123.

[94] Post V E A, Groen J, Kooi H, Person M, Ge S M, Edmunds W M. Offshore fresh groundwater reserves as a global phenomenon [J]. Nature, 2013, 504: 71 – 78.

[95] Sauveplane C. Pumping test analysis in fractured aquifer formations: state of the art and some perspectives [A]. Groundwater Hydraulics, A. G. U, 1974: 235 – 257.

[96] Shearer T R. A numerical model to calculate land subsidence, applied at Hangu in China [J]. Engineering Geology, 1998, 49: 85 – 93.

[97] Small C, Nicholls R J. A global analysis of human settlement in coastal zones [J]. Journal of Coastal Research, 2003: 584 – 599.

[98] Taniguchi M, Burnett W C, Cable J E, Turner J V. Investigation of submarine ground-water discharge [J]. Hydrological Processes, 2002, 16 (11): 2115 - 2129.

[99] Taylor R G, Scanlon B, Döll P, Rodell M, et al. Ground water and climate change [J]. Nature Climate Change, 2013, 3 (4): 322 - 329.

[100] Walther M, Delfs J, Grundmann J, et al. Saltwater intrusion modeling: verification and application to an agricultural coastal arid region in Oman [J]. Journal of Computational and Applied Mathematics, 2012, 236 (18): 4798 - 4809.

[101] Warrent J E, Root P J. The behavior of naturally fractured reservoirs [J]. Society of Petroleum Engineers Journal, 1963, 3 (3): 245 - 255.

[102] Wu J C, Shi X Q, Ye S J, Xue Y Q, Zhang Y, Yu J. Numerical simulation of land subsidence induced by groundwater overexploitation in Su - Xi - Chang area, China [J]. Environmental Geology, 2009, 57 (6): 1409 - 1421.

[103] Zheng J Q, Hu L T, Teng Y G, Wang J S. Groundwater quality assessment and its influences on the surface water in Quanzhou coastal area [A]. The International conference on Environmental Pollution and Public Health, iCBBE, Chengdu, China. 2010.

[104] Yang C, Tong L, Huang C. Combined application of dc and TEM to sea - water intrusion mapping [J]. Geophysics, 1999, 64 (2): 417 - 425.

[105] Zhang K, Douglas B C, Leatherman S P. Global warming and coastal erosion [J]. Climate Change, 2004, 64 (1 - 2): 41 - 58.